海水鱼类
繁殖发育生物学与健康养殖技术

刘立明　著

中国海洋大学出版社

·青岛·

内容提要

　　本书概述了海水鱼类繁殖发育生物学基本理论,人工繁育与成鱼养殖等健康养殖基本技术,同时结合作者的海水鱼类养殖科研成果与生产实践经验,重点阐述了目前国内海水鱼类主养种类,如牙鲆、大菱鲆、半滑舌鳎、条斑星鲽等鲆鲽类以及具有发展潜力的河鲀、黑鲪、石斑鱼等优良养殖种类的繁殖与早期发育生物学和人工繁育生产技术与工艺。

图书在版编目(CIP)数据

　　海水鱼类繁殖发育生物学与健康养殖技术/刘立明著.—青岛:中国海洋大学出版社,2014.8(2022.12重印)

　　ISBN 978-7-5670-0721-5

　　Ⅰ.①①海… Ⅱ.①刘… Ⅲ.①海产鱼类-繁殖②海产鱼类-发育生物学③海水养殖-鱼类养殖 Ⅳ.①S965.3

　　中国版本图书馆CIP数据核字(2014)第191841号

出版发行	中国海洋大学出版社		
社　　址	青岛市香港东路23号	邮政编码	266071
出 版 人	杨立敏		
网　　址	http://www.ouc-press.com		
电子信箱	appletjp@163.com		
订购电话	0532-82032573(传真)		
责任编辑	滕俊平	电　　话	0532-85902342
印　　制	日照日报印务中心		
版　　次	2014年8月第1版		
印　　次	2022年12月第3次印刷		
成品尺寸	170 mm×230 mm		
印　　张	14		
字　　数	260千		
定　　价	40.00元		

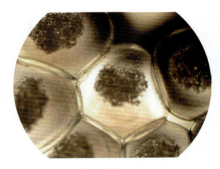

图1 六线鱼受精卵

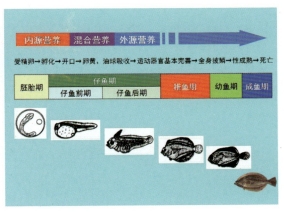

图2 鱼类的生活史

图3 沉性鱼卵孵化槽

图4 浮性鱼卵孵化网箱

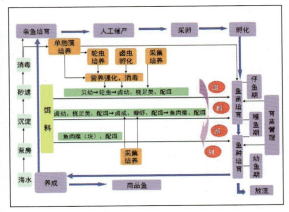

图5 海水鱼类工厂化育苗工艺流程

1

图 6 海水半精养池塘

图 7 海水精养鱼池

图 8 金属框架抗风浪网箱

图 9 工厂化循环水养鱼车间

图 10　工厂化循环水处理设备

图 11　重力式无阀滤池

图 12　牙鲆仔鱼

图 13　牙鲆稚鱼

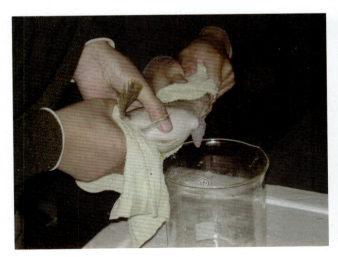

图 14　人工授精

图 15　大菱鲆鱼卵

图 16 工厂化养殖大菱鲆

图 17 半滑舌鳎鱼苗

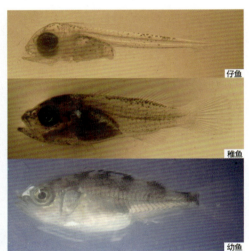

图 18 黑鲪仔鱼、稚鱼、幼鱼

图 19 黑鲪鱼苗

图 20 集群的石斑鱼鱼苗

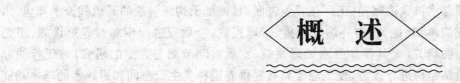

概　述

　　世界上近2万种海洋鱼类栖息在不同类型的水域中，由于栖息环境的多样性而演化出繁殖习性的多样性。有的鱼降河洄游繁殖，如日本鳗鲡 *Anguilla japonica*；有的鱼溯河洄游繁殖，如大麻哈鱼 *Oncorhynchus*；还有的鱼雌雄同体，如赤点石斑鱼 *Epinephelus akaara*、黑鲷 *Sparus macrocephlus* 等。鱼类的生殖方式也有卵生、卵胎生、胎生之分，以卵生种类占多数，因而每种鱼都有其独特的繁殖习性。尽管如此，各种鱼繁殖发育的基本过程是相似的，包括亲鱼的性腺发育、成熟以及产卵（或排精）、受精、胚胎发育、胚后发育等，它是一个复杂的生命活动，是其生活史中的重要环节。近年来，由于海水鱼类商业养殖的发展，国内外学者对其繁殖发育生物学的研究极为重视，特别是近30年来，为了满足人工繁殖和苗种培育的需要，在鱼类繁殖习性、性腺发育特征和影响因素、繁殖内分泌生理、胚胎发育及胚后发育等方面进行了大量研究工作，取得了显著进展，对于丰富繁殖发育生物学理论、完善海水鱼类人工繁育技术和推动海水鱼类养殖业的发展，起到了重要作用。

　　1. 养殖方式与养殖设施

　　海水鱼类养殖应采用适合当地条件的养殖方式，养殖设施是开展健康养殖的重要物质基础，养殖设施的结构和设计，在很大程度上影响养殖效果和环境生态效益。综观各种养殖方式，利用天然鱼苗和饵料的粗放式港塭养殖虽单产低，但作为一种生态系养殖仍有发展空间，以后应提高技术工艺以增加产量；池塘养鱼方面，基础理论较薄弱，应借鉴淡水池塘养鱼理论和对虾池塘养殖经验，探究海水池塘养鱼的内在规律，提高单产；网箱养鱼方面，当前我国海水网箱还属内湾小型化，网箱布局过密，超出海区环境容纳量，致使水流不畅，局部严重缺氧，加上残饵和排泄物过多,造成养殖区污染严重,病害频发,另外,网箱器材简易化,抗风力差,今后除要研究、改进、规范现有近岸型和内湾型网箱外,还应加快发展大型深水抗风浪网箱;工厂化养鱼方面,目前处于初级阶段的开放式流水养鱼,水处理简单、耗能高、内外污染严重、管理粗放,今后应进一步加强养鱼设施、工艺等方面研究,尤其要加强水处理系统、水质自动监测与控制的研究,对现行的养殖设施结构进行改造,使之除了具有提供养殖种类生长空间和进排水的基本功能之外,还应具有较强的水质调控和净化功能,使养殖用水能够内部循环使用,既能极大地改善养殖效果,又能够减少对水资源的消耗和对水环境的不良影响,真正做到健康养殖。因此,今后应将"封闭式循环流水养鱼"作为我国今后发展工业化养鱼的主流方向,这也是实现海水鱼类健康养殖和可持续性发展的要求。

2. 养殖环境保护和资源的合理利用

养殖生态环境是海水鱼类养殖业发展的重要条件。我国重要的养殖区大多分布于沿海港湾和河口的附近水域,这些水域也是陆源污染物和海上排污的主要受纳场所。随着沿海经济的迅速发展和城市化进程的加快,大量的工业废水和城市生活污水等不经处理或不按标准处理即排入海域,使一些近岸海域受到严重污染,赤潮灾害频发,直接威胁着海水养殖业的生存和发展。另外,养殖业的自身污染也不可忽视,如存在有盲目追求产量、随意发展养殖面积、养殖布局和养殖密度不合理、饵料质量差、养殖管理水平低以及在养殖区中滥用抗生素、消毒剂、水质改良剂等问题。另一方面,目前对养鱼资源的利用较为混乱,比如对水资源(如井盐水)的无序开发、掠夺性使用,对能源的浪费等较为普遍,今后政府部门应加强宏观调控与管理,养殖业自身也应做好自律,以加强对养殖大环境的保护和有限资源的合理利用,保障海水鱼类养殖的可持续发展。

3. 人工繁殖与健康苗种培育

大规模人工繁育苗种是发展海水鱼类健康养殖的基础。有些种类的人工繁育技术尚未过关,培育的苗种数量有限,或靠天然苗,或靠进口苗,致使苗种和成鱼受制于"天"或"人"。今后应建立专业性苗种研究和生产机构,培育和发展优良健康苗种繁育供应基地,增建现代化装备的育苗厂,保证健康养殖生产的需要。

4. 饵料研制开发

目前海水养殖的鱼种主要是肉食性鱼类,所用的饵料大部分是动物性饵料,人工育苗采用的饵料系列一般为双壳类受精卵及其担轮幼虫、轮虫、卤虫无节幼体及成体、桡足类、枝角类以及鱼、虾、贝的肉糜。成鱼则以新鲜或冷冻的小杂鱼、低值的贝类和虾类为主,部分用的是配合饲料,饵料来源没有保证,且易污染水质。应继续进行高营养活饵料的大量培养技术研究和仔稚鱼微囊、微颗粒饲料及优质全价系列配合饲料的研制,逐步取代生物饵料。使用优质高效配合饲料对于提高养殖产品的质量、降低成本、减少疾病、防止环境污染、提高经济效益等具有决定性作用。营养全面的优质配合饲料的使用和普及将是产业技术进步的标志,我国科技工作者近年来对多种重要海水养殖动物的营养需要和饲料配方开展了系统的研究,但与产业发展的需求相比,渔用饲料技术水平仍然较低,主要表现在配方差,加工工艺落后,导致饵料成本高、效率低和卫生质量差,且容易造成养殖水域污染。大力开发和研制质量高、稳定性、诱食性和吸收性好并有助于提高免疫功能和抗逆能力、饲料系数低的环保型饲料,将成为水产健康养殖可持续发展的重要保证。

5. 遗传育种与新品种移殖驯化

我国当前的优良海水养殖鱼种太少,北方更为突出。而且,绝大多数都没有经过人工选育与品种改良,遗传基础还是野生型的,其生长速度、抗逆能力乃至品质都急需经过系统的人工育种而加以改进。这与农业和畜牧业中产量和质量及抗逆能力的提高在很大程度上依靠品种的更新和改良有很大的差距。目前某些海水养殖鱼种已出现种质退化现象,品种问题已成为制约我国海水鱼类养殖业稳定、健康和持续发展的瓶颈之一。具有较强的抗病害及抵御不良环境能力的养殖品种,不但能减少病害发生,降低养殖风险,增加养殖效益,同时也可避免大量用药对水体可能造成的危害以及对人类健康的影响。因此,研究开发抗病、抗逆养殖品种,对于健康养殖的可持续发展具有重大意义。目前,水产养殖抗病、抗逆品种、品系的研究还处于起步阶段,要在这方面取得突破性的进展,必须依靠现代生物技术与传统育种技术的结合。国家和有关部门今后应加大这方面的科技投入和积极科技攻关,通过遗传育种选育出生物学特性佳、生产性能优秀的养殖良种,丰富现有养殖种类的生物多样性。

此外,需加强新品种的移殖驯化,应驯化优良的淡水品种到海水中饲养或由国外移殖优良的海水养殖鱼种,以形成新的养殖产业和增长点。但国家应加强对鱼种移殖的监管力度。

6. 无公害养殖技术

所谓无公害水产品是指产地环境、生产过程和产品质量符合国家有关标准和规范要求,经认证合格获得认证证书并允许使用无公害食品标志的未经加工或者初加工的食用水产品。中华人民共和国国家标准《农产品安全质量 无公害水产品安全要求》（GB18406.4—2001）对无公害水产品的定义是："有毒有害物质含量或残留控制在安全要求允许范围内，符合GB18406的本部分的水产品。"并同时对感官要求、鲜度要求、有害有毒物质最高限量做了具体的规定。发展无公害海水鱼类养殖不仅是适应市场经济、适应水产品国际贸易、满足人们绿色消费的需要，而且有利于保护和改善海洋环境。

无公害海水鱼类养殖涵盖了整个生产过程，主要技术要求有以下几个方面：

（1）产地环境要求。选择和保持无公害养殖环境是无公害养殖的前提。产地环境质量要求包括无公害海产品养殖的产地要求、水质质量和底质要求等。其中养殖环境必须符合中华人民共和国国家标准《农产品安全质量 无公害水产品产地环境要求》（GB／T 18407.4—2001）的规定，育苗和养殖用水水质必须符合中华人民共和国国家标准《渔业水质标准》（GB 11607—89）和中华人民共和国农业行业标准《无公害食品 海水养殖用水水质》（NY 5052—2001）的规定。

（2）选用健康苗种。使用遗传质量高、无携带病原的健康苗种，是无公害养殖的基础。国外引进或国内异地引进的苗种，必须经过严格的检验和检疫。

（3）控制适宜的养殖密度。合理的养殖密度是无公害养殖的重要内容。超负荷养殖容易引发养殖环境恶化、疾病暴发蔓延、鱼产品质量下降和商品率低等问题。养殖过程必须严格控制养殖密度，确保良好的养殖环境。

（4）使用优质的饵料。饵料营养是无公害养殖的物质基础。合理地选择饵料品种、科学地安排投喂是无公害养殖的关键环节。提倡使用配合饲料。使用新鲜杂鱼，应及时投喂，确保杂鱼鲜度；使用冰冻杂鱼，应严格控制解冻时间，避免在阳光下长时间暴晒致使腐败变质。

配合饲料质量和安全应符合中华人民共和国农业行业标准《无公害食品 渔用配合饲料安全限量》（NY 5072—2002）的规定。饲料中不得添加国家禁止的药物作为防治疾病或促进生产。不得在饲料中添加未经农业部批准的用于饲料添加剂的兽药。

（5）养殖生产管理。养殖生产过程中的健康管理是无公害养殖的重要手段。其重点是根据特定养殖方式下养殖种类不同生长阶段和生产管理时期的特点，在采用合理的养殖技术、养殖模式的基础上，采取合理的水质管理和调控技术（包括生物、化学等方面），维持良好的养殖生态环境。

（6）科学地预防和治疗疾病。疾病预防和合理使用渔药是无公害养殖的重要组成部分。病害与养殖的发展总是相伴而行，我国的海水养鱼产业目前正面临日趋严重的病害威胁,今后应加强在养殖环境的优化、养殖鱼类抗病力、病害的监控与防治等方面的研究,避免使这一年轻的产业在未来的发展中重蹈养虾的覆辙。首先,应以生态学研究为基础,在充分了解常见疾病及其流行季节的基础上,做好积极的疾病预防工作,这是无公害养殖的首要任务。水产养殖中的许多病害,不仅与病原生物的存在有关,而且和养殖水体的微生物生态平衡有着密切的关系。换言之,水体微生物群落的组成直接决定着病原生物是否会最终导致病害的发生。因此,通过对水体理化因子与微生物群落的组成关系的深入研究,就有可能找到通过维持水体的微生态平衡来消除某些病害发生的环境条件。可以认为,微生物生态技术和微生物制剂将成为健康养殖中病害防治的一个有效途径。另外,需加强无公害渔药的研制和使用。目前养殖生产中使用的渔药大多由人药、兽药配制而成,针对性不强,不少渔药的残留严重,长期使用对水体生态环境和人类的健康都将带来严重的威胁。为了人类的健康,尽快研究出针对性强、无毒或低毒、无残留、无公害渔药已成为当务之急。渔药的使用则应符合中华人民共和国农业行业标准《无公害食品　渔用药物使用准则》(NY 5071—2002)和《食品动物禁用的兽药及其他化合物清单》[中华人民共和国农业部公告(2002)第(193)号] 的规定。

目 录

第一章
海水鱼类繁殖发育生物学基础

第一节　亲鱼生物学

亲鱼是人工繁殖与苗种生产之本,只有了解亲鱼的生物学特性,方能创造条件以满足亲鱼生活和繁殖的需要,使其产出大量优质卵。

一、亲鱼与环境

每种鱼都有其特定的适宜产卵水温范围,保持产卵前后水温的稳定是获得优质卵的必要条件之一,而且可以通过温度调控改变产卵期。亲鱼一般都在光线较弱的黄昏或黎明前后产卵,通过改变光周期可改变产卵期,如进行光周期调整可使亲鱼提前产卵。盐度、水流等也是影响亲鱼的重要因素,应在亲鱼培育中提供给其适宜的盐度环境或必要的水流刺激,以促进性成熟。

二、亲鱼的食性

鱼类的食性多种多样,主要有浮游生物食性、植物食性、肉食性及杂食性等类型。亲鱼产卵期一般很少摄食,甚至停食,产卵之前和之后则摄食旺盛。因此,亲鱼培育中应加强产卵前后的饵料强化投喂,以保证性腺发育所需的营养和亲鱼产后的恢复。

三、亲鱼的生长

鱼类的生长具有一些不同于高等动物的特点。

（1）种属特性:鱼类的个体大小、寿命和生长速度很大程度上取决于自身的种属遗传特性。

（2）持续性：高等脊椎动物一般达性成熟后就停止生长，而鱼类在饵料充足、环境适宜的条件下，可终生持续生长，性成熟后也不停止，直至衰老死亡。

（3）阶段性：一般来说，性成熟是鱼类生长的拐点，其生长速度在性成熟之前最快，性成熟后减慢，衰老期急剧下降；鱼类体长增长最快的时间早于体重增长最快的时间，即体长、体重分阶段生长。

（4）群体性：鱼类的"群体效应"使成群的鱼类生长速度快于单个鱼。

（5）雌雄差异：有的鱼雌鱼生长速度快于雄鱼，雄鱼较雌鱼性成熟早，如牙鲆 *Paralichthys olivaceus*、大菱鲆 *Scophthalmus maximus*、半滑舌鳎 *Cynoglossus semilaevis* 等，而罗非鱼 *Tilapia* 正相反。

（6）季节性：鱼类的季节性生长变化与水温、饵料生物的季节性变化有关。在自然海区，春夏季水温高、饵料生物丰富，鱼类摄食旺盛，生长迅速；秋冬季则正相反。

四、亲鱼的繁殖

鱼类的生殖方式有卵生、卵胎生和胎生三种。

鱼类多数为卵生，卵子的生态类型有浮性卵、沉性卵、半浮性卵、黏性卵等。每种鱼一般有其特定的繁殖习性，了解亲鱼的性成熟年龄及大小、繁殖期、繁殖习性、繁殖力等特性，有助于准确把握人工繁殖生产。

第二节　鱼类的性腺发育

一、生殖细胞的形态结构与发育分期

（一）卵子

1. 形态结构

鱼类卵子形态多为圆球形、扁圆球形或椭球形，卵径为 0.5～2.0 mm，分为动物极和植物极，有的含油球，具有色素颗粒。卵子由卵核、卵质和卵膜组成。卵核早期位于细胞中央，核膜明显，后期核发生极化，核膜消失。卵质由集中于动物极的原生质（形成胚盘）、分布于植物极的卵黄物质及油球组成，油球的有无及数量因种类而异。浮性卵的卵径为 0.8～1.1 mm，具油球一个，如牙鲆、大菱鲆，也有多油球的，如半滑舌鳎；沉性卵卵径多数较大，油球多个，如河鲀。卵黄由卵黄小板构成，其成分包括蛋白质、磷脂和少量中性脂肪，以卵黄磷脂蛋白和卵黄高磷蛋白的形式存在。卵黄的形成有两种来源，一种为内源性卵黄发生，系由卵母细胞本身的高尔基体和内质网合成；另一种为外源性卵黄发生，系在鱼类肝脏内合成卵黄蛋白原，在性激素 17β- 雌二醇作用下通过血液循环进入卵巢，经过滤泡细胞的转运，最后由卵母细胞的微绒毛胞饮进入卵质，然后裂解成卵黄磷脂蛋白和卵黄高磷蛋白，二者包装在一起，进入膜结合的卵黄小板，这是卵黄的主要来源。卵膜由初级卵膜、次级卵膜和三级卵膜构成。初级卵膜包括卵子外周原生质凝胶化而形成的质膜（卵黄膜）和外侧的放射膜（放射带），膜中有许多放射状排列的小沟管，它是卵母细胞和滤泡细胞的微绒毛和突起相互深入形成的结构，上有一个无膜的小孔，为卵膜孔或称受精孔，精子由此入卵。次级卵膜又称包卵膜，由滤泡细胞分泌形成，具有加固、保护、固着和加强生殖隔离等作用。一般沉性卵的次级卵膜较厚，如东方鲀、大西洋鲑、虹鳟等，黏性卵的次级卵膜也较厚，且具有黏性，如六线鱼（见彩页图1），或具有卵膜丝等表面结构，如银鱼、燕鳐等。三级卵膜并非真正的卵膜，而是卵子最外面包围的两层滤泡细胞形成的滤泡膜，卵子成熟后会从其包围中脱落出来成为流动状态。

2. 发育分期

鱼类在胚胎时期由背肠系膜两侧体壁产生一对生殖脊，深入体腔中，悬挂于体腔系膜，原始生殖细胞从内胚层迁移至生殖脊中，二者结合为生殖腺，以后性别分化为卵巢或精巢。卵母细胞来源于卵巢壁上的生殖上皮，经过三个时期发育成熟，包括卵原细胞进行有丝分裂的增殖期、初级卵母细胞生长期（包括细胞质增加的小生长期和卵黄积累、体积剧增的大生长期）和成熟期。在成熟期，初级卵母细胞充满卵黄，体积达最大，卵核及原生质向卵膜孔（动物极）极化，核仁、核膜溶解，随即进行两次成熟分裂，形成次级卵母细胞，停留于第二次成熟分裂的中期等待受精，受精后排出第二极体，完成两次成熟分裂，形成受精卵，未受精的卵退化吸收。卵细胞的生长发育过程可划分为 6 个时相（表1-1）。在此过程中，初级卵母细胞经大生长期结束后，达到第Ⅳ时相末，体积达到最大，核极化，核膜溶解，已能对催产剂和外界环境起反应的状态通常称为卵子生长成熟，但并未完全成熟，而此时亲鱼已发育成熟，人工繁殖时可以进行催产；初级卵母细胞生长成熟后，经两次成熟分裂，停留于第二次成熟分裂中期，等待受精，此时，卵子从滤泡细胞包围中排放到卵巢腔或体腔中，呈流动状态，称为排卵，此时卵子已完全成熟，通常称为生理成熟，当外界生态及体内生理条件适宜时产出体外，此为产卵。

表1-1　鱼类卵子的发育分期与时相划分（仿王武，2000）

细胞类型	卵原细胞	初级卵母细胞			成熟卵母细胞	退化卵母细胞
发育分期	增殖期	生长期			成熟期	退化期
	有丝分裂	小生长期	大生长期		减数分裂	生理死亡
时相	Ⅰ时相	Ⅱ时相	Ⅲ时相	Ⅳ时相	Ⅴ时相	Ⅵ时相
滤泡层数	分化过程	1	2	2	消失	肥大
卵黄粒	无	无	出现	充塞	存在	液化

（二）精子

精子是极度特化的生殖细胞，分为头、颈、尾三部分，头部内有细胞核，颈部内富含线粒体，可以为精子运动提供能量，尾部为"9+2"的轴丝结构。精子发育期包括繁殖期、生长期、成熟期和变态期。在繁殖期，原始生殖细胞通过有丝分裂形成精原细胞；精原细胞通过生长期形成初级精母细胞；初级精母细胞通过成熟期的减数分裂形成次级精母细胞和精子细胞，精子细胞进而变形为精子。

二、鱼类性腺的形态结构与分期

（一）卵巢

鱼类的卵巢一般位于体腔内鳔的腹面两侧，外面被卵巢膜包裹，卵巢膜同背系膜相连。卵巢内有空腔，内壁有突出的横隔皱褶，称产卵板或蓄卵板，为产生卵细胞的地方。卵巢依据大小、颜色、血管分布、卵粒大小颜色、分离性、成熟系数（GSI）一般划分为6期：

Ⅰ期卵巢：位于鳔的侧方，紧贴体腔膜上，是一对透明的肉色细丝，外观不能与精巢分辨。鱼类Ⅰ期卵巢终生只出现一次。

Ⅱ期卵巢：已能与精巢分辨，扁平透明，肉眼不能分辨卵粒，以第Ⅱ时相卵母细胞为主，也有卵原细胞。

Ⅲ期卵巢：卵巢增厚，卵巢膜上出现黑色素，血管密布，肉眼能分辨卵粒。以第Ⅲ时相卵母细胞为主，也有第Ⅱ、第Ⅰ时相卵母细胞。

Ⅳ期卵巢：体积增大，卵内充满卵黄，粒粒饱满，已能分离。以第Ⅳ时相卵母细胞为主。

Ⅴ期卵巢：卵巢松软，卵子已从滤泡中脱落出来，卵粒透明，粒粒分离，进入卵巢腔中，处于流动状态，轻压腹部有卵粒从生殖孔流出。

Ⅵ期卵巢：产卵后不久或退化吸收的卵巢。其中有过熟卵。表面血管萎缩充血,呈紫红色,卵巢松软,体积缩小。

(二)精巢

鱼类的精巢按其组织的分化情况可分为管状或叶状。左右对称的精巢紧贴在鳔下两侧,彼此分开。鱼类的精巢根据其形态及发育状况,可分为 6 期:

Ⅰ期精巢:细线状,透明,肉眼不能与卵巢分辨。

Ⅱ期精巢:细带状,半透明,肉眼已能与卵巢分辨。精原细胞不断进行有丝分裂,数量明显增多。终生只出现一次。

Ⅲ期精巢:精巢变粗,血管增多,表面略有弹性。

Ⅳ期精巢:乳白色,表面有皱纹并有明显的血管分布。精细小管内出现初级精母细胞、次级精母细胞和精子细胞。

Ⅴ期精巢:乳白色,丰满,充分成熟。精细小管的官腔内和壶腹内充满成熟的精子,轻压腹部有精液流出。

Ⅵ期精巢:排精后,精巢萎缩,呈细带状。精细小管内只剩下精原细胞和少量的初级精母细胞,挤不出精液。

第三节　鱼类的性周期与繁殖力

一、性周期

鱼类自性成熟到衰老前,性腺随季节的变化而呈规律性周期变化,两次性腺发育成熟产卵繁殖的间距为一个性周期。鱼类一般每年一个性周期,也有鱼种每年多个性周期,如罗非鱼。

二、繁殖力

鱼类的繁殖力又称怀卵量,通常绝对怀卵量指卵巢中第Ⅲ时相以上的总卵数,只有这些卵在这个繁殖季节中才能产出体外,因而计算这些卵的数量才有实际意义。而相对怀卵量指的是单位体重的绝对怀卵量。

第四节　影响鱼类性成熟和产卵的外界因素

鱼类的性成熟和产卵受到许多外界因素的影响,主要有营养、水温、光照、盐度、水流和溶解氧等。

一、营养

鱼类性腺发育与营养关系密切,可以说营养条件是影响鱼类性腺发育的主要因素。鲷科鱼类、牙鲆等怀卵量可达几百万至上千万粒,鳗鲡成熟系数 GSI 高达 50%～70%,足以说明鱼类在性成熟过程中,需要在卵巢中积累大量的营养物质,供给性腺发育的需要和产卵时的能量消耗。因此,能否得到充足、优质的营养物质直接决定了性腺的成熟和后代的正常发育。一般来说,饵料充足,营养丰富,亲鱼性腺发育快、性成熟早、怀卵量大、卵子质量高,反之则相反。

鱼类卵巢中的主要营养成分为蛋白质和脂肪,以卵黄磷脂蛋白的形式贮存在卵黄中。维生素对性成熟具有重要作用,如 V_E 可促进卵母细胞积累卵黄颗粒。卵黄中的蛋白质主要来源于外界食物,卵黄脂质则来源于外界食物和体内贮存的脂肪。肝脏起脂质转移作用。在卵巢发育过程中,蛋白质在 Ⅱ～Ⅲ 期增长速度较快,Ⅲ 期以上脂质增长速度较快,产卵后均下降。

二、水温

鱼类的繁殖水温一般比生长、生存水温范围窄。温水性鱼类早期卵母细胞生长需低温,晚期则需较高温度。鱼类性成熟年龄、大小和繁殖期具有地区差别,这主要是受水温的影响。

同种鱼的繁殖积温基本相同,可以通过人工控温促进亲鱼提早繁殖。另外,水温还是鱼类繁殖启动、停止的信号。

三、光照

光照主要通过光周期、光照强度及波长等对鱼类繁殖产生影响。光周期指的是一段时间内的光照时间,多指一天内的光照时间,是最主要的影响因素。鱼类繁殖的季节性变化除了与水温有关外,主要与光周期的变化有关。根据鱼类繁殖所需的光周期不同,有长光照型鱼类,如春夏季繁殖的真鲷、黑鲷、牙鲆、大菱鲆、银鲳、梭、带鱼等,通过延长光照可使其提早成熟、繁殖;还有短光照型鱼类,如秋冬季繁殖的鲑、鳟、鲈、香鱼、鲻、六线鱼、半滑舌鳎、石鲽等,通过缩短光照可使其提早成熟、繁殖。鱼类多在黎明时分产卵,可能此时的弱光对其产卵有刺激作用。另外,波长为 $580～670$ nm 的光对鱼类繁殖最有效。

四、盐度

不同习性的鱼种繁殖所需的盐度不同,海、淡水定居性鱼种繁殖的盐度即正常生活的盐度,如多数淡水鱼繁殖的盐度低于 3;洄游性鱼种对繁殖的盐度有特殊要求,如鲥、暗纹东方鲀、大麻哈鱼繁殖盐度低于 0.5,鳗鲡、松江鲈鱼则要求较高的盐度;河口、半咸水鱼类繁殖也需要一定的盐度,如梭鱼繁殖的盐度高于 3,遮目鱼需要在海水中繁殖。

五、水流

水流对溯河性鱼种(鲑鳟鱼种)和产漂流性卵鱼种的性成熟和繁殖极为重要,它们必须在流水条件下才能顺利繁殖。

六、溶解氧

溶解氧充足可促进性腺发育,最好在 4 mg/L 以上。

第五节　中枢神经系统和内分泌系统在鱼类繁殖中的作用

外界因素对鱼类繁殖的影响,还需要通过鱼类内部因素(中枢神经系统和内分泌系统)起作用。

一、中枢神经系统和内分泌系统的作用原理

鱼类的外部感觉器官,如眼睛、触觉、侧线等在接受水流、水温、光照、异性等环境因素刺激之后,作用于中枢神经系统,由其分泌多巴胺、羟色胺等神经介质,作用于下丘脑,启动下丘脑分泌促性腺激素释放激素(GnRH),触发脑垂体分泌促性腺激素(GtH),促使性腺分泌雄性激素或雌性激素,促进亲鱼精卵成熟及生殖活动(图 1-1)。

二、中枢神经系统产生的激素及其作用

下丘脑中的神经分泌细胞可以分泌作用相拮抗的两大类神经激素——促性腺激素释放激素(GnRH)和促性腺激素释放抑制激素(因子)[GRIH(GRIF)]。

(一)GnRH

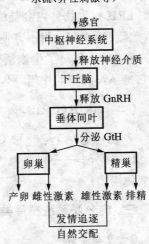

图 1-1　鱼类繁殖的内部调控原理
(仿王武,2000)

GnRH 是多肽类激素,具有促进脑垂体中腺垂体的促性腺激素分泌细胞分泌 GtH 的作用。该激素具一定的专一性,比如,用哺乳动物的 GnRH 催产鱼类,用

量需较催产哺乳动物高数十倍,而用鱼类的 GnRH 催产鱼类,效率比用人工合成的哺乳动物 GnRH 高 10 倍。哺乳动物的 GnRH 即 LRH。

不同动物 GnRH 及其类似物的一级结构如下:

七鳃鳗	焦谷氨酸—组氨酸—酪氨酸—丝氨酸—亮氨酸—谷氨酸—色氨酸—赖氨酸—脯氨酸—甘氨酸—NH_2
鲑鳟鱼	焦谷氨酸—组氨酸—色氨酸—丝氨酸—酪氨酸—甘氨酸—色氨酸—亮氨酸—脯氨酸—甘氨酸—NH_2
类似物	焦谷氨酸—组氨酸—色氨酸—丝氨酸—酪氨酸—D 精氨酸—色氨酸—脯氨酸—甘氨酸—$NH_2CH_2CH_3$
鲶 GnRH Ⅰ	焦谷氨酸—组氨酸—色氨酸—丝氨酸—组氨酸—甘氨酸—亮氨酸—天脯氨酸—甘氨酸—NH_2
鲶 GnRH Ⅱ	焦谷氨酸—组氨酸—色氨酸—丝氨酸—组氨酸—甘氨酸—酪氨酸—色氨酸—脯氨酸—甘氨酸—NH_2
哺乳类 LRH	焦谷氨酸—组氨酸—色氨酸—丝氨酸—酪氨酸—甘氨酸—亮氨酸—精氨酸—脯氨酸—甘氨酸—NH_2
哺乳类 LRH-A	焦谷氨酸—组氨酸—色氨酸—丝氨酸—酪氨酸—D 丙氨酸—亮氨酸—精氨酸—脯氨酸—$NH_2CH_2CH_3$

LRH 在生物体内会被酶水解而破坏构型,丧失活性,半衰期甚短,不易滞留体内,贮藏、运输和使用不方便。LRH-A 的 D 型 AA 肽键能抵抗蛋白酶水解,延长体内滞留时间,提高了生物活性和效价;C 端的变化增强了与受体的亲和力,抵抗水解 C 端 AA 的酶的作用。生物活性比 LRH 高几十倍乃至数百倍,易贮运和使用。

（二）GRIH（GRIF）

多巴胺（DA）是一种 GRIF。多巴胺受体拮抗剂 —— 多潘立酮（地欧酮）DOM,排除剂 —— 利血平（RES）、匹莫齐特（PIM）等可消除其作用,作为辅助催产剂使用。

三、内分泌系统在鱼类繁殖中的作用

（一）脑垂体

脑垂体位于间脑的腹面,上连下丘脑,嵌藏在脑颅副蝶骨背面的小凹窝内。脑垂体包括腺垂体和神经垂体,腺垂体由前腺垂体（前叶）、中腺垂体（间叶）和后腺垂体（后叶）组成,神经垂体含有神经纤维、血管、神经胶质细胞,无分泌功能。

前腺垂体分泌的催乳素可调节渗透压,保持体内盐分,排出水分;促肾上腺皮质激素可促进皮质增生和皮质类固醇合成。后腺垂体分泌的黑色素细胞刺激素能使色素颗粒扩散、体色变黑。中腺垂体分泌的生长激素,通过影响蛋白质、糖和脂肪代谢,增加细胞内 AA 的积累和蛋白质的合成来实现细胞数量和体积的增加,以促进组织的生长;促甲状腺激素能够促进甲状腺激素合成和释放,包括增强碘泵活性,促进摄取碘和甲状腺球蛋白上面的酪氨酸残基的碘化作用。哺乳类促性腺激素 GtH 有两种,分别为促卵泡成熟激素 FSH 和促黄体生成激素 LH,系由不同细胞合成、分泌的,FSH 能促进雌体卵泡成熟及分泌雌激素,促进雄性精子成熟;LH 能促进雌体排卵、黄体生成、黄体分泌雌激素和孕激素,促进雄体间质细胞增生和分泌雄激素。鱼类促性腺激素分泌细胞仅一种,分泌大小两种分泌颗粒,小的相当于 LH,大的相当于 FSH。

(二)性腺

性激素包括雌性激素和雄性激素。卵巢滤泡膜上的鞘膜细胞和颗粒细胞合成孕激素(孕酮、17α-羟孕酮、17α-20β 双羟孕酮),雌激素(雌二醇、雌酮),皮质类固醇(11-脱氧皮质类固醇)等雌性激素;精巢内精细小管之间的间质细胞分泌雄激素(脱氢表雄酮、雄烯二酮、睾酮)。

性激素的生理功能有三方面。一是影响性别分化,在原始生殖细胞进入生殖脊但尚未出现性分化的一段时间内,性激素可以诱导性别分化的发育趋向;二是影响卵巢、精巢发育,雌性和雄性激素对未成熟个体,能促进脑垂体促性腺分泌细胞的发育,合成促性腺激素 GtH,具有正反馈作用,对成鱼能够诱导卵母细胞生长,卵黄发生和积累或诱导精巢发育成熟,但对脑垂体促性腺激素 GtH 的产生具有负反馈作用;三是刺激第二性征发育和性行为的发生。

(三)甲状腺

甲状腺由散布在腹主动脉和鳃区主动脉的间隙组织、基鳃骨及胸舌骨附近许多球形腺泡组成,能够分泌甲状腺激素。甲状腺细胞摄取的碘与甲状腺球蛋白的酪 AA 残基发生碘化作用,形成单碘酪 AA 和二碘酪 AA,再缩合成三碘甲状腺原氨酸 T_3 和甲状腺素 T_4,具有增强鱼类代谢,促进生长和发育成熟的作用。

第六节　鱼类的精卵生物学及受精作用

鱼卵多为水中受精,卵子表面有一漏斗状小孔,为卵膜孔,在第二次减数分裂的中期,精子由此入卵,而后形成雄性原核,卵子放出第二极体,并出现雌性原核,两原核相互结合完成受精。

一、精子生物学

雄鱼精巢发育成熟后,分泌大量精液,内含精子和精巢分泌的液体。精液具有营养精子和利于精子输送的作用,精子一般长度 < 100 μm,鱼类精子多数长为 30 ~ 50 μm,密度为 200 亿 ~ 400 亿个/毫升。

(一)精液质量评价

精液质量评价可以通过肉眼观察精液的流出情况、颜色和黏稠度,优质精液呈浓乳状,乳白色,量大,轻轻挤压精巢即可排出,遇水后立即散开;过熟或排过精的精液呈稀水状,粉白色,有时带血丝;不熟的精液呈牙膏状,遇水不易散开。还可以测定精子浓度和精子活力,精子浓度可以采用血球计数器、精子比容法、分光光度法等测定,精子活力可以在显微镜下观察测定一定时间和条件下,精子被激活后运动细胞百分数或运动持续的时间。

(二)精子的活力、寿命及其影响的外界因素

精液中的精子过稠,缺乏 O_2 和 H_2O,CO_2 过高,精子在精液中是不活动的,遇水后精子被激活,剧烈运动,很快死亡。由于精子含有的原生质很少,缺乏供运动消耗的能量贮备,鱼类精子被激活后寿命很短,一般只有几十秒至几分钟的寿命。精子寿命除了因物种、精子质量、环境条件而异,还受到外界因素的影响。盐度影响精子的渗透压,精子在水中活动时,只有部分能量消耗在运动方面,大部分能量消耗在渗透压调节方面,因此等渗溶液可延长精子的寿命;水温是影响精子活力和寿命的重要因素,精子寿命在一定范围内随水温升高而缩短。高温条件下,精子代谢强度大,活力强,能量消耗快,低温能降低代谢强度,延长精子寿命,因此,生产上常采用低温保存精液。另外,精子在 pH 为 7 ~ 8 的弱碱性水中活力最强、寿命最长。缺氧时精子存活时间长,CO_2 对精子有一定的抑制作用。紫外线和红外线对精子有危害作用,因此人工授精不要在阳光直射下进行。

二、卵子生物学

(一)卵子对渗透压的适应

海水鱼类卵子在盐度为 30 ~ 35 的海水中,能够自行调节渗透压,但鱼卵在水中,卵膜会吸水膨胀,使受精孔封闭而失去受精能力,因此鱼卵在原卵液中或在

等渗液中寿命将大为延长。

（二）卵子的质量鉴别

卵子的质量主要依据卵的颜色、个体大小、透明度、浮性和卵膜弹性、光滑度、圆度和膨胀速度等进行鉴别。如产浮性卵的海水鱼类，好卵外观大小一致，饱满圆滑，晶莹透亮，卵质清澈，有弹性，有光泽，浮性好；坏卵则大小不一，不圆滑，透明度差，卵质浑浊，无光泽，有瘪卵，油花溢出，沉底。

（三）受精

鱼类卵子在第二次成熟分裂中期，精子由受精孔入卵，单精受精，精卵接触3～5分钟，受精膜举起，30分钟后形成胚盘。

第七节　鱼类的胚胎发育和胚后发育

鱼类整个生命周期包括胚胎期和胚后期，胚后期又分为仔鱼期、稚鱼期、幼鱼期和成鱼期（见彩页图2）。

一、胚胎发育分期

鱼类受精卵要经过卵裂期、囊胚期、原肠期、神经胚期、胚体形成期等胚胎发育阶段，方能孵化出仔鱼，胚胎发育过程受诸多因素的影响。

二、影响胚胎发育的外界因素

（1）水温：能够影响鱼类胚胎发育速度。鱼类能够正常进行胚胎发育的水温范围为其适温范围，在适温范围内，水温越高，发育越快，水温还能够影响胚胎发育的孵化率、畸形率。

（2）pH：以中性至弱碱性为宜。

（3）DO：应高于 4 mg/L。

（4）盐度：海水鱼类、降河洄游鱼类、广盐性鱼类胚胎发育均需一定盐度。盐度还影响胚胎孵化率、发育速度和卵子沉浮性。

（5）机械振荡和敌害生物也会对胚胎发育产生影响。

三、海水鱼类仔、稚、幼鱼的分期及生物学

（一）仔鱼期

仔鱼期指初孵仔鱼到各运动器官基本发育完备的这一阶段。按营养转换特

点,分为前仔鱼期和后仔鱼期。

(二)前仔鱼期

前仔鱼期指从初孵仔鱼开始到卵黄和油球完全消失为止的阶段。开始,仔鱼完全以卵黄和油球为生,属内源性营养阶段。仔鱼在水体中或浮于水面,或沉入水底,或倒悬于水层中,仅借助于鳍膜摆动而缓慢游动,活动力弱,极易受其他生物的侵害。当仔鱼卵黄囊将耗尽时,消化道开始形成,口、肛门向外开通,这时为内源性向外源性营养过渡的混合营养阶段,仔鱼活动能力有限,刚开始学习摄食,取食能力极弱,仔鱼在生理、生态上均处于重大转折时期,是仔鱼培养中的关键时刻,如管理不当,极易死亡,所以称之为仔鱼"危险期"或"临界点"。生产上最重要的管理措施在于及时供应大小适宜、活动缓慢、分布均匀、密度适当、营养丰富的活饵料。实践证明,一些双壳类(牡蛎、贻贝等)幼体、小型的褶皱臂尾轮虫等都是此时比较理想的活饵料,此外优质微粒饵料亦可使用。只要保证饵料供应,并调节好水质,"危险期"是可以缓和,以致安全度过的。

(三)后仔鱼期

后仔鱼期指仔鱼卵黄囊以及油球的消失到各种运动器官基本发育完善这一阶段。在营养方式上由混合营养阶段转入全部依靠外源营养阶段。随着各鳍的形成,活动能力逐步加强。摄食特征是一开始囫囵吞食,经常失误,身体疲惫后沉入水底而死。在管理上饵料和敌害两者都要予以同样重视。

(四)稚鱼期

稚鱼期指各运动器官日臻完善,鳞片开始形成至全身被鳞这一阶段。这时形态和生理都在发生巨大的变化。有明显的集群行为,游泳迅速,摄食积极,食量猛增,取食的饵料个体也增大。这时理想的活饵料有卤虫幼体、桡足类及枝角类等,优质的配合饵料也可以使用。稚鱼耗氧量也随着食量和活动量的增大而增大。育苗中要特别注意水质更新和防止敌害生物的混入。

(五)幼鱼期

幼鱼期的鱼苗已是全身被鳞,变态完成,外部形态已与成鱼相似。幼鱼有明显的集群行为,并转入底层活动。不同食性鱼类开始食性分化,肉食性鱼类(如真鲷 *Pagrosomus major*、牙鲆、大菱鲆等)开始转食鱼、虾、贝肉糜饵料,此时极易出现个体分化而发生互残现象,故必须及时分选培育;植物食性或杂食性鱼类(鲻 *Mugil cephalus*、梭鱼 *Mugil so-iuy* 等)开始转向食麸皮、豆饼等植物性饵料。

海水鱼类苗种生产方法可以分为两种——工厂化育苗和农场式育苗。

工厂化育苗：在人为控制条件下，完全依靠人工投喂饵料在室内育苗系统中进行生产。其优点是，育苗条件不受天气影响，便于全人工控制和计划生产；容易发现和控制敌害；育苗数量多、密度高、质量好、生产稳定；一套设备可全年使用，生产周期短，可多茬育苗。缺点是，投资成本高，管理复杂。

农场式育苗：采用传统的我国鲤科鱼类育苗方法，即池塘施肥培饵育苗法。其优点是，将鱼苗培育与饵料培养集于一体，省去了饵料培养工作。缺点是，易受灾害天气影响，且单产低。

第一节　工厂化育苗的基本设施

工厂化育苗的主要设施有育苗车间、亲鱼池、产卵池、孵化池、育苗池、饵料池等。配套设施与其他海产动物育苗设施类似，有供水（含泵房、沉淀池或蓄水池、砂滤池、砂滤罐等）、供电（配电室）、供气（罗茨鼓风机等）、供热（燃煤锅炉等）、调温（预热池）、采光、消毒（紫外线消毒器、臭氧发生器等）、污水处理池等设施。辅助设施有海上网箱、室外小型土池或水泥池等，可供暂养亲鱼、鱼苗或培养饵料生物之用。

一、育苗车间（育苗室）

育苗车间主要作用是保温、防雨和调光。北方应以防寒保温为主，南方应注意遮阳。屋顶多采用钢骨屋架和玻璃钢瓦顶，辅以遮光帘调光。四周为砖墙水泥面，并设窗户以利通风。

二、亲鱼池

亲鱼培育可以用水泥池、玻璃钢水槽、大型帆布水槽、海面网箱等。水泥池有圆形、方形、八角形、长方形等，以圆形、八角形居多。容积多为 50～200 m³，配备海水、充气、加温管道。

三、产卵池

产卵池的结构、形状、大小、材质、配套等基本同亲鱼池，唯出水口上位，并在池外增设集卵槽和集卵网箱，且可与亲鱼池通用（图 2-1）。

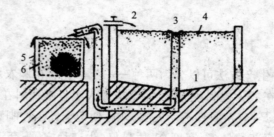

图 2-1　亲鱼池和产卵池（刘立明，2006）
1—池子；2—进水口；3—排水口；4—卵；5—集卵槽；6—集卵网箱

四、孵化池

孵化池可用专门的水泥池、玻璃钢水槽或专用孵化器、孵化网箱等（见彩页图 3，4），也可兼用育苗池作孵化池。

五、育苗池

育苗池可以用水泥池、玻璃钢水槽、帆布水槽、网箱等，多为圆形、方形、八角形、长方形等形状。多用半埋式水泥池，容积为 0.5～100 m³，10～20 m³ 较多，深 0.8～1.2 m，池底锅底形，向中央坡降，中央排水口设过滤网，由槽外摇臂排水。配备给排水、充气、加温系统（图 2-2）。

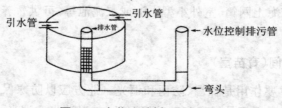

图 2-2　育苗池（刘立明，2006）

六、饵料车间与饵料池

饵料池分植物饵料(单胞藻)培养池和动物饵料(轮虫、卤虫)培养池,可分车间或共用同一车间生产。植物饵料培养车间要求能防雨、保温、调光、防污染、光照强、通风好;动物饵料培养车间可稍暗。单胞藻采用三级培养,一级藻种使用三角烧瓶或细口瓶在车间保种室内进行封闭式纯种培养,二级培养使用大细口瓶或瓷砖砌面的水泥池(2 m×1 m×0.5 m),三级培养使用 6 m×3 m×0.8 m 长方形水泥池或 100～200 m³ 大型池,池子规格可灵活掌握。轮虫培养池可采用水泥池、玻璃钢水槽,容积为 1～60 m³,必备加温、充气系统。卤虫孵化池可用水泥池、玻璃钢水槽,也需加温、充气系统。还应配备轮虫、卤虫强化桶(池、槽)。

七、配套设施

(一)水处理设施

目前育苗多采用开放式的水循环系统,常用的水处理设备包括沉淀池或蓄水池、砂滤池(罐)、高效滤芯装置、紫外线消毒器等。

(二)充气设施

充气设备主要用罗茨鼓风机,一般水深小于 1.5 m,要选用风压 0.30～0.35 kg/cm² 的风机,对 1 000 m³ 水体以下车间,风量可选用 7～10 m³/min;1 500～2 000 m³ 水体,可选 15～20 m³/min 风量的鼓风机。也可用涡轮风机。与鼓风机相连的是送气主管道,通往各池分支送气管道和塑料软管、散气石及控气阀门等形成的通气网络。散气石多是由 100～140 号金刚砂铸制成的圆柱状,以调节成雾状小气泡增氧,也可采用纳米气石充纯氧,提高充氧效率。

(三)加温设施

北方地区,大多数育苗池和卤虫冬卵的孵化池及饵料培养池均需加温设备。另外,秋季或转季节育苗亦均需加温。加温包括空气加温和水体加温,空气加温多使用锅炉暖气或暖风机。目前水体加温的方法大致有两种,一是燃煤或燃油锅炉加温,一般 1 000 m³ 水体育苗车间配 1 吨锅炉即可;另一种是电加热器升温,多用于卤虫孵化,以前者较为经济。用锅炉加温的方法是在池内架设加温盘管,管径一般为 5.08～7.62 cm 的无缝钢管,外涂以无毒防锈涂料或用无毒塑料薄膜(如 PE)缠绕,也可用钛金属管,因其热交换效率高。锅炉蒸汽或热水通过盘管使池内水温上升,但育苗室内的孵化池、仔、稚鱼培育池最好不用盘管,以免损伤苗种,并会造成吸污及苗种出池不便,故一般需设预热调温池,可设置两个或多个,以便轮换使用。

第二节 人工育苗技术工艺

海水鱼类工厂化育苗工艺包括亲鱼培育、人工催产、采卵、孵化和鱼苗培育等几个环节(见彩页图5)。

一、亲鱼培育

育苗最根本的问题在于要解决好亲鱼培育的问题,方能达到全人工繁殖。

(一)亲鱼来源

有野生亲鱼资源的可以通过人工驯化提供繁殖使用,如真鲷、牙鲆等;有养殖基础的品种应从养殖成鱼中选留品质优良者作为亲鱼使用,但隔几年仍需从原产地或自然海区补充部分野生亲鱼,以避免种质退化,如大菱鲆;全人工亲鱼要从苗种开始,全程进行规范化的强化饲育,达繁殖年龄时,要进行促熟和光、温调控研究,以期按需获得优质受精卵。

(二)亲鱼选择标准

一般标准为3～8龄,体重2～5 kg,体质健壮,发育正常,体形好,鳞片完整,无伤病,大小比例合适,雌雄比例恰当(多为1:1)。

(三)亲鱼培育

放养密度:网箱为5～10 kg/m³、水泥池为1～5 kg/m³。定时、定量投喂新鲜鱼、虾、乌贼、贝肉等优质饵料。全程流水饲育,日交换水量200%～800%,并随水温升高而增大。一般温水性鱼类的越冬水温不要低于12 ℃。注意水质的良好与稳定,池底的清洁,严防病害发生。需要时可进行光温调控以改变产卵期。

二、人工催产

(一)人工催产

用人工方法对性腺发育成熟的亲鱼进行激素注射,刺激性腺进一步成熟和排放,从而获得成熟的卵子或精子。

（二）基本原理

根据鱼类在自然界繁殖的特性及其生理变化，考虑养殖时生态条件的不足，不能刺激亲鱼的下丘脑促黄体素释放激素的合成和分泌，也不能促使垂体分泌足够的促性腺激素进行自然繁殖，因而采用人工催产的方式是把一定量的催产剂注入亲鱼体内，随着体液的流动，将这些激素带到鱼体全身，以部分代替并促使鱼体本身下丘脑和垂体的分泌活动，再加上适宜的生态条件刺激，从而诱导亲鱼发情、产卵、排精（图 2-3）。

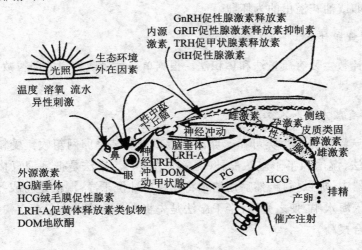

图 2-3　鱼类人工催产的基本原理（刘健康，1992）

（三）催产方法

将鱼类脑垂体、绒毛膜促性腺激素（HCG）、促黄体素释放激素（LRH）、促黄体素释放激素类似物（LRH-A）等催产剂注射入亲鱼的体腔（胸鳍基部凹陷处与体轴成 45° 角）或肌肉内（背鳍与侧线间处），注射用水为 0.6% 的氯化钠溶液，雄鱼剂量减半，注射 1～2 次，亲鱼过一段时间便会发情产卵、排精。操作程序：先用 75% 酒精消毒注射器及其他用具，然后配制注射液，用无菌注射用水溶解激素，一般每尾亲鱼用 2 mL 注射用水配制。准备工作做好后，从暂养池中取出亲鱼，用 75% 酒精消毒注射部位，再将鱼置于鱼夹中、平台上（鲆鲽类）或用双手托鱼（戴上手套或垫以毛巾），然后进行注射。注射完毕，消毒注射部位，挂上标志，即放回原池中。要做好记录，记下注射时间，激素种类及剂量，亲鱼体长、体重和其他要说明的情况，以便总结催产效果。

三、采卵

亲鱼性腺完全成熟开始进行繁殖时,常会出现亲鱼兴奋的互相追逐现象,称为发情。发情达到高潮时,就会自行产卵、排精,完成受精作用,称为自然产卵。

(一)卵子质量的区分标准

卵子质量可视卵子水中游离情况、卵子大小、透明度等而定。大小一致、晶莹透亮、有弹性、有光泽、卵质清的为好卵,大小不一、透明度差、无光泽、卵质浑浊、甚至有瘪卵或油花溢出的为坏卵。

(二)鱼卵计数

鱼卵计数主要有质量法和体积法。根据单位质量或体积的卵粒数,换算出所有卵子的数量。

(三)自然产卵和人工授精

自然产浮性卵的鱼类可在产卵池溢流口处安装集卵网箱收集受精卵。人工授精有干法、湿法和半干湿法三种(见彩页图14)。干法是把精液直接挤入盛有卵子的容器中,加以搅拌,然后用清水将受精卵冲洗干净;湿法是将成熟的卵和精液依次挤入海水中,使之受精;半干湿法是先将少量精液用适量海水稀释,紧接着与卵子混合授精。

四、孵化

浮性卵、沉性卵、黏性卵要采取不同的孵化方法。浮性卵宜用静水微充气、微流水＋微充气或流水孵化;沉性卵宜用专用孵化器(桶式、平列槽、阿特金斯、锥形槽)流水孵化,黏性卵可黏附于筛网上流水孵化。孵化条件:宜用沉淀、过滤(二级砂滤)海水,最好用消毒海水(紫外线、臭氧),严防带入泥沙杂质、污物及敌害生物;调整于所孵化鱼种的适温范围内,并保持水温恒定,高温虽可缩短孵化时间,但会造成初孵仔鱼变小和畸形;因鱼而异调节盐度于适宜范围内并保持稳定,盐度影响孵化率及孵化时间,过低盐度会使卵子下沉;胚胎发育期的耗氧量较高,要尽可能进行充气或流水以提高孵化率。

五、鱼苗培育

通常采用一次布卵,中间进行多次分苗的疏苗培育法,其要点有以下几方面。

（一）水质处理

培育用水一般要经过沉淀、过滤，必要时还要进行消毒处理，要求达到清新、无毒、无污染、泥沙少、无敌害生物，水温、盐度、照度、水质因子满足鱼苗需要。

（二）饵料系列

饵料系列指培苗全过程按顺序使用的多种饵料。目前海水鱼育苗的标准饵料系列为轮虫→卤虫无节幼体→配合饵料。育苗初期投喂双壳类幼体、桡足类无节幼体、小型褶皱臂尾轮虫；育苗中期投喂轮虫、卤虫无节幼体、卤虫成体、桡足类、配合饵料等；育苗后期，可继续投喂中期饵料，加强配饵投喂，并辅助投喂鱼、虾、贝肉糜（现已少用）。每次改换新饵料时，必须有几天新旧饵料的交叉投喂期使之逐步过渡。现在除早期投喂轮虫、卤虫外，中后期饵料基本被配合饵料取代，简化了育苗程序，提高了效率。轮虫、卤虫等生物饵料在投喂前必须进行营养强化。到目前为止，种苗生产上尚无完全使用微颗粒饲料喂养早期仔稚鱼的先例，一般初期饵料仍普遍使用活体动物饵料（轮虫和卤虫无节幼体）。但轮虫和卤虫无节幼体自身的营养不足，若长期单独投喂，会因 $\omega3$ 高度不饱和脂肪酸和维生素的缺乏造成鱼苗体弱多病，色素异常（如鲆鲽类白化等），死亡率升高。为了提高仔鱼的活力，防止体色和形态异常，培育健全苗种，轮虫、卤虫幼体在投喂前需用二十碳五烯酸（EPA）和二十二碳六烯酸（DHA）含量高的单胞藻（如：金藻）进行营养强化或添加强化剂强化，以增高其 EPA 和 DHA 等 $\omega3$ 高度不饱和脂肪酸的含量。这对防止鲆鲽类体色异常是非常重要的，同时也使苗种的成活率得以提高。轮虫使用 $2\,000\times10^4\sim3\,000\times10^4$ 细胞/毫升的小球藻液，再加入轮虫专用强化剂和适量抗菌药物进行充气强化，也可单用强化剂强化，轮虫强化密度一般为 $3\times10^8\sim10\times10^8/m^3$ 水体；卤虫则使用卤虫专用强化剂充气强化，强化密度为 $1\times10^8\sim3\times10^8/m^3$ 水体，常用强化剂有鱼油、康克 A、AlgaMac-3050 和 AlgaMac-3080、裂壶藻（*Schizochytrium*）等，使用方法可参照产品说明。

（三）育苗管理

仔鱼放养密度应按育苗条件和技术水平确定。前仔鱼期可以静水培育，辅以加水和部分换水，并微充气；后仔鱼期可部分换水或适当流水；稚鱼期至幼鱼期，流量逐步加大。也可采用全程流水的培育方式，开始微流水，后期逐渐加大流水量。投喂轮虫期间每日向育苗池中添加小球藻液，使其浓度为 $50\times10^4\sim100\times10^4$ 细胞/毫升。添加小球藻可以净化水质、保持轮虫、调节光线，称为"绿水培育工艺"。

小球藻液可自行培养,也可用浓缩藻液代替。育苗中应注意清底、计数、监测鱼苗生长发育与成活、大小分选以及对鱼苗行为习性、病害出现的观察处理与防治等工作。

农场式培育鱼苗可参照淡水鲤科鱼类育苗方法。

六、中间培育(鱼种培育)

工厂化培育出池的 3 cm 鱼苗,一般还应通过中间培育达 5～6 cm 时提供养殖;达 8～10 cm 时提供放流增殖使用。中间培育分为陆上水泥池和海上网箱两种方式。

(一)陆上水泥池

可使用原育苗池或其他水泥池,容积 30～100 m³ 均可。水、气、温、光、饵等培育条件均与鱼苗后期培育相似;放养密度 500～800 尾/立方米;饵料为配合饵料,亦可少量使用鱼肉糜,日投饵 5～6 次。注意加强循环流水、清底和病害防治。

(二)海上网箱

网箱应设在波浪平稳、避风、水深、潮流通畅的天然港湾内。网箱规格一般为 4×4×3～5 m。日投喂 4～5 次,可投喂配饵或鱼肉糜。根据鱼苗生长和网箱污着程度换网。要注意防病和防鸟害。在海上培育 60 天左右,鱼苗全长可增长至 80～100 mm。

第三章
海水鱼类健康养成基本技术

第一节　港塭养殖

港塭养殖是利用天然港湾、河口、海汊、洼地、泻湖,加以筑堤、开沟、建闸,通过潮汐涨落蓄水纳苗的一种古老的海水养鱼生产方式,是一种不施肥、不投饵或定期施肥、少量投饵的利用自然生产力的生态系养殖。主要养殖品种为鲻鱼、梭鱼、遮目鱼 *Chanos chanos*、斑鲦 *Konosirus punctatus* 等植物食性和杂食性鱼种,还有鲈鱼 *Lateolabrax japonicus*、真鲷、黑鲷、黄鳍鲷 *Sparus latus*、海鲢 *Elops saurus*、石斑鱼 *Epinephelus*、海鳗 *Muraenesox cinereus*、牙鲆、中华乌塘鳢 *Bostrichthys sinensis* 和鰕虎鱼 Gobiidae 等肉食性鱼种。

第二节　池塘养殖

海水鱼池塘养殖系指在潮间带或潮上带修建土池,潮差纳入或机械抽入(或两者兼用)海水,放入人工捕捞的天然苗或人工培育的鱼苗,进行半精养(见彩页图6)或精养(见彩页图7)的海水鱼类养成方式。其特点是:养殖方法多借鉴淡水池塘养鱼,水体小,管理方便,能较全面控制生产过程,单产高,既可单养、混养、密养,又可立体综合养殖,同时可以采用施肥、投饵、增氧等技术措施。主要养殖种类:植物食性和动物食性鱼种均可,以前多养殖鲻鱼、梭鱼、斑鲦、遮目鱼等植物食性和杂食性鱼类,近年来,由于肉食性鱼类市价下跌,池塘养殖也成为牙鲆、真鲷、黑鲷、河鲀、平鲷 *Rhabdosargus sarba*、黄鳍鲷、鲈鱼、尖吻鲈 *Lates calcarifer*、美国红鱼 *Sciaenops ocellatus*、黑鲪 *Sebastodes fuscescens*、石斑鱼等肉食性鱼种的主要养殖方式。可充分利用池塘基础饵料以降低养殖成本。

一、池塘准备

（一）池塘条件

池塘选址条件和建造程序与养虾池基本相似，海水鱼池塘还应注意：

（1）水源与水质：要有水源充足、水质好的海水、半咸水水源，最好有淡水以调节盐度。水量充足，注排方便，水质肥沃无污染，酸碱度适宜。

（2）底质：以壤土较好。池堤坚固，保水力强，能保持池内水位；通气性好，有利于有机质的分解与饵料生物的繁殖。池底应有 10 cm 左右的淤泥，起供肥、保肥和调节池水肥度的作用。

（3）池型：以长方形为多，东西长，南北宽，长宽比为 2:1 或 3:2，面积 $5 \times 667 \sim 10 \times 667$ m^2，深 1.5～2.5 cm，以便于管理、控制为准。

（二）清池

清池即清淤除害，清除池底淤泥，通过曝晒、冰冻、药物清池等清除敌害生物。

（三）进水和肥水

清池后等药效全部消失，应适时进水。进水前一定要加好滤水网，以防止敌害生物等随水进入。为了增加池塘内的基础饵料，降低养鱼成本；保持水体中浮游生物的合理组成，达到水活水爽，增加水体内的溶解氧；适当增加水体中的悬浮物质（浮游生物和有机碎屑），以吸收较多的太阳热能，提高水温，就需要首先施好基肥。基肥可一次施足，多用腐熟的粪便肥、厩肥等，一般每公顷施 3 000～4 500 kg。若肥力不足，每公顷可增施尿素 45～60 kg。

二、鱼种放养

（一）鱼种来源

鱼种来源一是可采捕天然苗，二是可使用人工育成的大规格鱼种。

（二）鱼种放养的时间和规格

应根据不同鱼类对水温的要求，尽早放养，以延长其生长期，提高商品规格或尽早达到最低商品规格。

（三）放养密度

应因鱼种、池塘条件、商品鱼规格要求以及养殖管理和技术水平而异。

三、养殖管理

（一）施肥

可根据池水的水色及透明度，适时、适量追肥。多用无机肥，也可用腐熟好的有机肥。

（二）投饵

应根据养殖鱼类的食性投喂饵料。

1. 种类

鲻梭鱼等植物食性鱼类应投喂豆饼、花生饼、菜籽饼、米糠、麸皮、酒糟、豆渣、蚕蛹、鱼粉或配饵等；肉食性鱼类则应以新鲜的杂鱼、杂虾、双壳贝类、头足类或配饵为主。

2. 技术

可借鉴淡水池塘养鱼中的"三看"（看天气、看水色、看鱼类活动和摄食）、"四定"（定质、定量、定时、定位）投饵原则，灵活运用。并采用慢→快→慢的投饵方法，即起初鱼少时可慢投，当鱼群聚集争食时，应加快投喂。当鱼大部分吃饱离去后，应少投慢投，照顾迟来者和未吃饱者。

（三）水质调节

应保持水质"肥、活、嫩、爽"。"肥"指水中营养盐丰富，饵料生物多；"活"指水色常变化，浮游植物优势种交替变化；"嫩"指浮游植物处于指数生长期，水色鲜嫩；"爽"指水中溶氧高，透明度适中（25～35 cm）。需经常注排水，调节水质，以除去池水污物，保持水质新鲜。也可采用化学方法、生物净化或机械增氧的方法调节水质。

（四）巡池

要每天巡池，观察水质状况和水的肥度、鱼的活动情况，注意有无浮头、病害、赤潮和死鱼现象，有无决堤、漏闸及逃鱼等事故隐患，以便及时采取措施，防患于未然。

第三节 网箱养殖

海水网箱养鱼,是在海水中设置以竹、木、金属框架(见彩页图8)和合成纤维网片、金属网片等材料装配而成的一定形状的网箱,在其中高密度养殖鱼类,通过箱内外不断的水交换以维持鱼类生长的适宜环境,利用天然饵料或人工投饵养殖商品鱼的一种集约化养鱼方式。其特点是不占用岸滩和土地,可充分利用近海和港湾进行养鱼生产,饲养管理和捕捞较为方便,并借助自然海水的流动和潮水的涨落而达到良好的水质条件,节约了劳力,增加了水体容纳量,生长快,养殖周期短,全部提供活鱼上市或出口,产量高,收效快,是一种较好的集约化养殖方式。

一、养殖海区的选择

选择网箱养殖的海区,既要考虑其环境条件最大限度地满足养殖鱼类生存和生长的需要,又要符合养殖方式的特殊要求,应选择风浪较小、潮流畅通、地势平坦、水质无污染的内湾、近海,且苗种饵料来源广、交通方便、治安好等。还要特别考虑如下几点。

(一)底质

泥沙底质易于下锚,石头底则下锚不牢,若在浅水区,网箱易被乱石或藤壶、牡蛎等磨破网底。应注意避开牡蛎、珍珠贝养殖的污染底质。

(二)水深

为避免网底被海底碎石磨破或蟹类咬破,减少海底鱼的排泄物和残饵污染,一般应在最低潮时网底和海底的距离不小于 2 m,而总水深应是网箱高度的 2 倍以上。

(三)流速

最适流速以每秒 0.25～1 m 为宜。流速过大,易使浮动式网箱的网衣变形,使鱼体因顶水而加大能量消耗,影响鱼类生长。流速太小则影响水交换。流速大于每秒 1 米应采取阻流措施。

(四)水温

应选择水温适于养殖种类生活、生长的海区。养殖海区的水温对养殖种类一定要有足够的适温期,使其在养殖阶段长成商品规格;否则必须选择可自然越冬或度夏的海区。

（五）盐度

应选择在养殖对象适盐范围内的海区布设网箱，并注意季节变化，最好不要设在河口或受河流影响大的海区。

（六）溶解氧

海区溶解氧应大于 3 mg/L。若网箱过密、投鱼过密、水交换差等，易使鱼类缺氧，出现摄食量下降、生长停滞、浮头乃至死亡的现象，所以应从网箱密度、鱼种密度以及网目大小等方面综合考虑。

（七）重金属离子含量

重金属离子含量应严格控制在渔业水质标准所规定的范围之内。

二、网箱的类型和结构

目前国内海水养鱼使用的网箱包括传统中小型网箱和离岸深水网箱两大类。从外形上可分为方形、圆形和多角形。从组合形式上可分为单个网箱和组合式网箱。从大小上可分为大型、中型和小型。

（一）传统中小型网箱

传统中小型网箱有浮动式网箱、固定式网箱、沉下式网箱、升降式网箱、可翻转式网箱等几种类型。

1.浮动式网箱

将网衣挂在浮架上，借助浮架的浮力使网箱浮于水的上层，随潮水涨落而浮动，保持养鱼水体不变。形状为方形或圆形。

我国目前多采用浮动式网箱，其中又包括两种类型：一是南方较为流行的，适合于内湾等风浪较小海区使用的木结构组合式网箱；二是北方较多的适合风浪较大的近海使用的钢结构三角台式网箱。其基本结构为浮架、箱体（网衣）、沉子等。

（1）浮架（框架和浮子）：内湾型平面木结构组合式网箱（图3-1）在我国的福建、广东、海南等地流行。网箱由6个、9个或12个组合在一起，单个网箱为3 m×3 m、4 m×4 m、5 m×5 m 的框架。框架以 8 cm 厚、25 cm 宽的木板连接，接合处以铁板和大螺丝钉固定。框架的外边，每个网箱加 2 个 50 cm×90 cm 的圆柱形泡沫塑料浮子（浮力 150 kg），网箱内边每边（长 3 m）加一个浮子。架上缘高出水面 20 cm 左右。

近海型钢三角台式网箱(图 3-2)。框架每边为 3 根平行的内径为 0.03 m 或 0.038 m 镀锌管,其横截面为三角形,四边相连,使整体为正方形。边长(内边)为 4 m、5 m、6 m、10 m 不等。4 m×4 m 的框架每边均匀放置 2 个 150 kg 浮力的浮子。

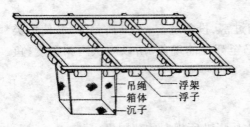

图 3-1　内湾型平面木结构组合式网箱
　　　　　(徐君卓,2007)

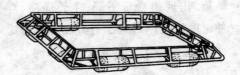

图 3-2　近海型钢三角台式网箱框架
　　　　　(徐君卓,2007)

(2)箱体(网衣):材料有尼龙、聚乙烯或金属(铁、锌等合金)等,国内多采用聚乙烯网线(14 股左右)编结。其水平缩结系数要求为 0.707,以保证网具在水中张开,可用手工单死结编结,也可以从网厂购进。

网衣的形状随框架而异,大小应与框架相一致。网高随低潮时水深而异,一般为 3~5 m。网衣网目应根据养殖对象的大小而定,尽量节省材料并达到网箱水体最高交换率为原则,以破一目而不能逃鱼为度。

网衣有单层和双层两种。一般多用单层,水流畅通,操作方便,但不安全。在蟹类及海豚较多的海区多用双层网,网目里层小外层大,以利水流畅通。

网衣用 6 块网片缝合而成,或采用一长网片折绕成网墙,再加缝网底和盖网。盖网可防逃鱼和敌害侵袭。网箱四周和上、下周边都要用粗网筋加固。上周边用聚乙烯绳固定在框架上,高出水面 40~50 cm,最后将底框装在网箱底部。

(3)沉子:为防止网箱变形,网衣的底部四周要绑上铅质、石头或混凝土沉子或在网衣的底面,装上一个比上部框架每边小 5 cm 的底框,底框可由 0.025~0.03 m 镀锌管焊接而成。

2. 固定式网箱

固定式网箱适用于潮差较小的海湾。网箱固定于插在海底的水泥桩上,不随潮水涨落而沉浮。箱内水的体积却随水位的涨落而变动(图 3-3)。

3. 沉下式网箱

网箱沉入海水中,在上部留有投饵网口。网箱内的水体体积不变,在风浪袭击时不易受损(图3-4)。

4. 升降式网箱

升降式网箱具有较强的抗风浪能力,可通过专用升降机械装置,在海中自由提升或下降网箱(图3-5)。风平浪静时,拉紧钢索,使网箱升至距海面2～5 m处;风浪大时,放松钢索,使网箱沉降至10 m或更深位置。投饵口下部的网衣呈喇叭形,喇叭口下部与网箱口相连。投饵时,将可伸缩的喇叭口上端提出水面即可。

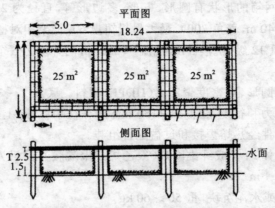

图3-3　固定式网箱(单位:m;刘立明,2006)

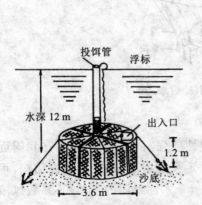

图3-4　沉下着底笼状网箱(谢忠明,1999)

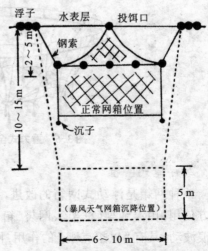

图3-5　升降式网箱(闵信爱,2001)

5. 可翻转式网箱

可翻转式网箱用铁管、角铁或毛竹制成立方体框架,各面包被网衣,一个面开启小门,整个网箱可绕一轴翻转。其特点是:体积小,便于洗刷附着物,减少网衣更换次数;形状固定,不被海流改变;可全部沉入水中,免受风浪袭击。

(二)离岸深水网箱

离岸深水网箱有重力式全浮网箱、浮绳式网箱、碟形升降网箱等若干类型。

1. 重力式全浮网箱

重力式全浮网箱的形状有圆形、方形、多边形等,直径为 25～35 m,周长为 80～110 m,深为 40 m,养鱼 200 t,最大日投饵量 6 t,框架相对密度为 0.95,浮性,寿命＞10 年,抗风 12 级,抗浪 5 m,抗流＜1 m/s,网片防污 6 个月。网箱基本结构包括如下部分。

(1) 框架:多圆形、高密度聚乙烯(HDPE)材料。底圈 2～3 道 ϕ250 mm 管,提供网箱成型、浮力和行走;上圈以 ϕ150 mm 管作扶手栏杆,上、下圈之间以聚乙烯支架连接,连接件经热熔焊接和过盈配合组装。

(2) 网袋(箱体):合成纤维网片(聚乙烯或聚酰胺),网目为 25～60 mm,水下 6～10 m,水上 1 m。

(3) 沉子:铅或水泥沉块,重 50～60 kg。

(4) 固定系统:锚、桩、缆绳、浮筒、转环、卸扣、分力器等连接件(图 3-6)。

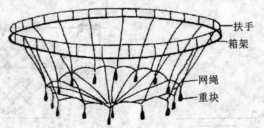

图 3-6　重力式全浮网箱(徐君卓,2007)

2. 浮绳式网箱

该种网箱是浮动式网箱的改进,抗风浪性能强,日本最早使用,在我国近年来方使用;由浮绳架(框架)、网袋(箱体)、固定系统组成,是一个柔性结构,可随风浪波动,具有"以柔克刚"的作用;网箱是一个六面封闭的箱体,不易被风浪淹没而使鱼逃逸(图 3-7)。

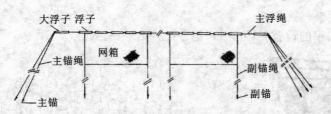

图3-7　浮绳式网箱示意图(徐君卓, 2007)

3. 碟形升降网箱

该网箱为中央圆柱网箱或海洋站半刚性海水网箱(图3-8)。它是用一根直径 1 m,长 16 m 的镀锌铁筒为中轴,周边用 12 根镀锌铁管组成周长 80 m,直径为 25.5 m 的 12 边形圈,用上、下各 12 条超高分子量聚乙烯纤维与中央圆柱两端相连,构成蝶式形状,面积 600 m²,容量 300 m³ 的网箱。箱体在 2.25

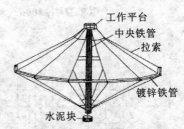

图3-8　碟形升降网箱(徐君卓, 2007)

节流速下不会变形。中央圆柱可进水或充气,以此调节网箱比重,并与底部悬挂的 15 t 重的水泥块平衡,使整个网箱上浮或下沉,6 分钟可从海面沉到 30 m 水深。

三、网箱的设置

浮动式网箱多以打桩或抛锚来固定。打桩或用铁锚固定的方法与扇贝养殖的情况相类似,在海底的桩或锚以缆绳(直径 1 cm 以上的钢索,或直径 3 cm 以上的聚乙烯绳,或直径 4 cm 以上的白棕绳)连接着水面上 2 根平行的浮缆,将网箱固定于两条浮缆之间。缆绳长为水深的 3 倍以上,每两根缆绳内连接 4~5 个 4 m×4 m 或 5 m×5 m 或 10 m×10 m 的网箱为一行,网箱间距 5 m,行距为 25 m 左右(图3-9)。在不宜打桩或抛锚的海区,可以用水泥坨子代替桩和锚。

图3-9　单排网箱的设置(刘立明, 2006)

内湾型组合式网箱可采用四角抛锚或打桩固定(图3-10),近海型网箱也可采用这种设置方式。也可多个组合式网箱连接成鱼排,上设小木屋,以作为看守、管理网箱的工作室。

离岸深水网箱的设置见图 3-11、图 3-12 和图 3-13。

图 3-10　组合式网箱的设置
（刘立明，2006）

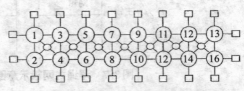

图 3-11　深水网箱分散独立设置示意图
（徐君卓，2007）

注：□表示铁锚和桩；○表示分离器

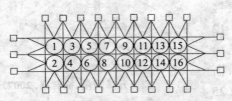

图 3-12　深水网箱紧密设置示意图
（徐君卓，2007）

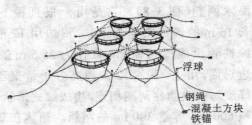

图 3-13　6 组式"双阵点"锚泊定位系统
（徐君卓，2007）

四、适合网箱养殖的鱼类

（一）选择网箱养殖鱼类的原则

（1）由于网箱抗浪能力较差，容易破损，应选择生长速度快的鱼类，宜进行短期的单季性生产，以减少由于网箱破损而造成的损失。

（2）由于网箱中放养鱼的密度较大，尽量避免选择能自相残杀的种类。

（3）应选取市场价格较高的种类，以确保养殖效益。

（4）要优先挑选抗病力强，能在密集的条件下正常生活和生长的种类。

（5）要选择适于摄食人工投喂饵料的种类。

（二）鱼的种类

在我国，目前适于网箱养殖的鱼种主要有真鲷、黑鲷、胡椒鲷 *Plectorhynchus*、黄鳍鲷、黑鲪、六线鱼 *Hexagrammos*、鲈鱼、尖吻鲈、东方鲀 *Fugu*、石斑鱼、罗非鱼、牙鲆、大菱鲆、鬼鲉 *Inimicus japonicus*、褐菖鲉 *Sebasticus marmoratus*、黄姑鱼 *Nibea albifora*、大黄鱼 *Pseudosciaena crocea*、美国红鱼等。

五、网箱养鱼技术

（一）鱼种放养

可放养人工繁育苗种或天然苗种，鱼种规格力求一致，以免大小个体生长速度不一，出现残食。规格尽量大以缩短养殖期。鱼种投放密度应因鱼的种类、海区环境（尤其是水温、水质）、苗种规格、商品鱼规格以及养殖技术和管理水平的差异而有所不同。

（二）饲养管理

1. 饵料投喂

网箱养鱼主要靠人工投饵。由于网箱养殖的鱼类多属肉食性鱼类，一般可以新鲜的鱼、虾、贝等为主，也可投新鲜的冷冻品及部分人工配合饵料。饵料需含蛋白质 40%～50%，且氨基酸种类和搭配比例应合理。脂肪 5%～15%，且应含有高度不饱和脂肪酸。狭鳕肝油、乌贼肝油、菲律宾蛤仔中高度不饱和酸的含量较高，是最好的脂肪酸原料。糖类为 10%～20%，但肉食性鱼类对饵料中糖的利用率较差，过多会影响其生长。维生素混合物的含量一般为 1%～5%。配合饵料中应适当加入诱食剂、着色剂、抗氧化剂、黏合剂等。一般鱼种放养 1～2 天方能摄食，应及时投喂。投饵最好在白天平潮时进行或在潮流的上方投喂，饵料流失较少。日投饵量应考虑鱼的习性、发育阶段、水温等诸多因子，并根据实际摄食情况灵活掌握。一般投饵量可为鱼体重的 3%～15%。日投喂次数，一般在鱼体较小时每天投喂 3～4 次，长大后可每天 2 次（上、下午各 1 次）。冬天最好在水温较高的中午投喂。高温季节每天投喂 1 次，或者 2～3 天投喂 1 次，且投喂量为饱食量的 50%～60%。投饵方法应掌握"慢、快、慢"三字要领：开始应少投、慢投以诱集鱼类上来摄食，等鱼纷纷游向上层争食时，则多投、快投。当有些鱼已吃饱散开时，则减慢投喂速度，以照顾弱者。投饵时要注意观察鱼的摄食情况，以鱼均能吃饱且不浪费饵料为原则。

2. 附着物的清除

网箱长期置于海水中极易被牡蛎、藤壶、海鞘、贻贝、水云、浒苔、附着硅藻等生物所附着，从而增加了网箱的重量，影响了网箱内外的水交换。清除方法：更换网衣，经日晒、拍打以清除上面的附着生物；用硫酸铜溶液浸泡换下来的网衣，可以除去附着生物，其方法是用硫酸铜 3～4 kg、甲酸 10～15 L，加淡水 400 L，然后放入网衣浸泡 2～3 天，再冲洗干净；用防附着剂浸泡网衣，可以防止生物附着，但目前的防附着剂多具有一定毒性,往往对养殖鱼类有害。

3. 更换网衣

为了使水流畅通并清除网衣上的附着物,伴随着鱼体的增长,不断进行网衣更换,使网目不断扩大。换网时,先将旧网解下一边,拉向另一边,然后把新网衣从空出的一边拴好,仅留相对的一边。再将旧网衣移入新网衣中,将旧网衣拉起,鱼则游入新网中。

4. 分箱饲养

随着鱼体的增长,单位水体的负载不断加重,需定期进行分箱饲养。分箱时要小心操作以防鱼体受伤,引起疾病感染和死亡。分箱时可按鱼体大小、体质的强弱而分开饲养,以降低密度,减少同类相残,并促使其同步生长。

5. 日常观测

每天观测记录海水温度、天气、风浪、投饵种类、数量,以及鱼的活动情况、死鱼、病鱼等。要定期(15～20天1次)测量鱼体生长情况。随机抽取30～50尾,测量其体长和体重,并据此作为日后投饵种类和数量的依据。要每天检查网衣有无漏洞,框架、浮子、缆绳有无松动,发现问题,及时处理。每7～10天或大风前后,应潜水检查箱体、缆绳、木桩、锚等的完好情况,防患于未然。

第四节　工业化养殖

工业化养殖是指采用建筑、机电、化学、自动控制学等现代工业技术和现代生物学技术,在室内养鱼车间里高密度养殖优质鱼类,对养鱼生产中的水质、水温、水流、投饵、排污等实行半自动或全自动化管理,始终维持鱼类的最佳生理、生态环境,从而达到健康、快速生长和最大限度提高单位水体鱼产量和质量,且不产生养鱼系统内外污染的一种高效养殖方式。它是当今最为先进的养鱼方式,具有占地少、单产高、受自然环境影响小、可全年连续生产、经济效益高、操作管理自动化等诸多优点。

一、工业化养鱼的类型

工业化养鱼有普通流水养鱼、温流水养鱼和循环流水养鱼三种主要类型。

(一)普通流水养鱼

普通流水养鱼是指利用自然海水经过简单处理后(如砂滤),不需加温,直接流入养鱼池中,用过的水直接排放入海的养鱼方式。这种方式设备简单、投资少,适合于南方适温地区的短期或低密度养殖,为工业化养鱼的原始类型。

(二)温流水养鱼

温流水养鱼是利用天然热水(如温水井)、电厂、核电站的温排水或人工升温海水作为养鱼水源,经简单处理后进入鱼池,用过的水不再回收利用。此种养殖方式,工艺设备简单,产量低,耗水量大,为工业化养鱼的初级类型。其在我国近年来发展较快,养殖种类有牙鲆、大菱鲆、半滑舌鳎、星鲽 *Verasper*、石鲽 *Kareius bicoloratus*、河鲀等。这些养鱼厂的调温方式主要有三种:① 燃煤锅炉升温 + 自然海水式;② 电厂温排水 + 自然海水式;③ 温水井 + 自然海水式。

(三)循环流水养鱼

循环流水养鱼又称封闭式循环流水养鱼,其主要特点是用水量少,养鱼池排出的水需要回收,经过曝气、沉淀、过滤、消毒后,根据不同养殖对象不同生长阶段的生理需求,进行调温、增氧和补充适量(1% ~ 10%)的新鲜水(系统循环中的流失或蒸发的部分),再重新输入养鱼池中,反复循环使用(图 3-14)。此系统还需附设水质监测、流速控制、自动投饵、排污等装置,并由中央控制室统一进行自动监控,是目前养鱼生产中整体性强、自动化管理水平高、且无系统内外环境污染的高科技养鱼系统,是工业化养鱼的高级类型,是今后工业化养鱼的主流和发展方向。

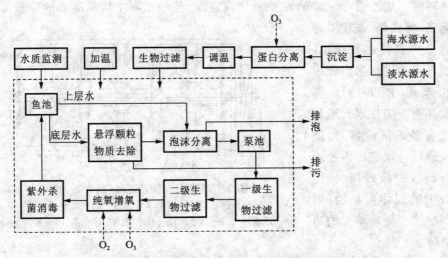

图 3-14 循环流水养鱼工艺流程示意图(雷霁霖,2010)

二、工业化养鱼设施

（一）养鱼车间与鱼池系统

1. 养鱼车间

养鱼车间多为双跨、多跨单层结构，跨距一般为 9～15 m，砖混墙体，屋顶断面为三角形或拱形。屋顶为钢框架、木框架或钢木混合框架，顶面多采用避光材料，如深色玻璃钢瓦、石棉瓦或木板等，设采光透明带或窗户采光，室内照度以晴天中午不超过 1 000 lx 为宜（见彩页图 9）。

2. 鱼池系统

鱼池多为混凝土、砖混或玻璃钢结构。底面积一般为 30～100 m²。如鱼池面积过大，水体不容易均匀交换，投撒的饵料不能均匀分布水面，容易造成池鱼摄食不均。同时，大池周转不便，灵活性较小。鱼池水深一般不超过 1 m。若养殖游动性较强的鱼类，如鲈、黑鲷、美国红鱼等，可适当增加鱼池高度（大于 1.5 m），以免使鱼跃出池外。鱼池的形状有长方形、正方形、圆形、八角形、长椭圆形等。长方形池具有地面利用率高、结构简单、施工方便等优点，以前多被国内外厂家采用。圆形池用水量少、中央积污、排污，无死角，鱼和饵料在池内分布均匀，生产效益较长方形池为好，但是地面利用率不高。目前较流行的为八角形池，它兼有长方形池和圆形池的优点，结构合理，池底呈锅底形，由池边向池中央逐渐倾斜，坡度为 3%～10%，鱼池中央为排水口，其上安装多孔排水管，利用池外溢流管控制水位高度。进水管 2～4 条，沿池周切向进水，使池水产生切向流动的分量而旋转起来，将残饵、粪便等污物旋至中央排水管排出，各池污水通过排水沟流出养鱼车间（图 3-15）。循环水养殖池的排水口通常还设有竖流沉淀器（初滤桶），通过污水在桶内的旋流沉淀以去除残饵、粪便等较大的固体颗粒物，以减小后续水处理单元的净化负荷。

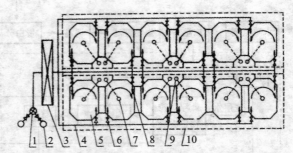

图 3-15　养鱼车间示意图（刘立明，2006）

1—水泵；2—抽水口；3—水处理系统；4—进水管道；5—养鱼池；6—进水阀门；7—排水管；8—注水管；9—排水沟；10—养鱼车间

（二）水质净化系统

工业化养鱼对水质要求较高，尤其是封闭式循环水养鱼系统，养鱼用水须回收利用。要达到鱼类最佳生活环境的水质要求，必须具有功能完善、运转良好的水质净化系统，这是工业化养鱼的关键和技术核心。水质净化系统包括沉淀池、过滤器、泡沫分离和消毒装置等（见彩页图10）。

1. 沉淀池

沉淀池是最为常用的重力分离设施，它是利用重力沉降的方法从海水中分离密度较大的悬浮颗粒。沉淀池一般修建成高位，利用位差自动供水，其结构多为钢筋混凝土浇制，设有进水管、供水管、排污管和溢流管，池底排水坡度为2%～3%，容积应为养鱼厂最大日用水量的3～6倍。

2. 过滤器

自然海水中含有许多细小悬浮物，同样，在养鱼系统中，由于鱼的摄食和代谢会产生残饵和许多排泄物，它们或者悬浮于水中，或者溶解在水中，如果积累过多，必然对鱼类造成毒害。这些物质可通过过滤的方法除去。常用的过滤器有机械过滤器和生物过滤器。

（1）机械过滤器：主要用于养鱼系统中液体和固体的分离，包括微滤机、弧形筛和砂滤器等。

微滤机和弧形筛：微滤机有转鼓式和履带式，常用的转鼓式微滤机由一个四周布满了筛网的圆筒组成，水流从圆筒一端沿轴向流入，沿径向滤过筛眼。反冲装置安装在筛网上部外侧，由于筛子转动，局部被堵塞的筛网面，经过上方喷射高压水的反冲装置，粘在筛网上的颗粒被冲离筛网顺水流去，反冲洗沟道设在筛网内部上半部分，在筛网内，保持反冲洗沟道高于污水水位，反冲洗沟道汇集反冲水流到排水管，滤过筛眼的污水汇集到蓄水桶内，再通过管道排出。蓄水桶底设排水阀，可以定期清污。微滤机的筛网一般选用200目左右的镍网，可以去除60 μm 以上的固体颗粒物，转速一般为1～5转/分钟，旋转筛骨架、轴承、管道及接头、防护罩、蓄水桶等均由ABS制成（ABS是由聚丙腈—丁二烯—苯乙烯共聚物三种化学单体构成），螺丝为不锈钢材料，可以有效地防止锈蚀且能耗较低。弧形筛是利用垂直于水流方向固定的圆弧形筛网来清除固体颗粒的装置，常用筛缝间隙为0.25 mm，可去除80%的70 μm 以上的固体颗粒。运行时虽然无须额外的机械动力，但需要人工定期清洗筛面。

砂滤器：① 无压砂滤池（罐）——阻截细菌能力强，出水水质好，具生物过滤作用,结构简单,造价低;滤速低,为 0.3～1.2 m/h,出水率小,洗换砂麻烦。承托层为钢筋混凝土多孔板和两层网目 1 mm 的聚乙烯网。② 压力过滤器(砂滤罐)——钢筋混凝土浇制或钢板焊接成圆形封头的圆柱形密闭容器。滤速快,体积小,管理方便。滤速 40～400 m³/h,6～10 m/h。③ 重力式无阀滤池(罐)——目前工业化养鱼厂最常用的机械过滤器,具有滤水量大(一般每格过滤能力为200 m³/h),水质较好(浑浊度小于 5 mg/L),无阀自动反冲洗等优点,现已广泛使用(图 3-16,彩页图 11)。

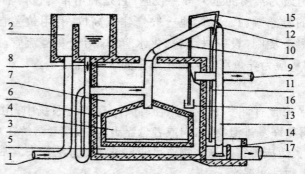

图 3-16　重力式无阀滤池流程示意图(孙颖民,2000)
1—进水管;2—进水分配箱;3—U 型水封管;4—过滤层;5—集水区;6—连通管;7—冲洗水箱;8—出水槽;9—出水管;10—虹吸上升管;11—虹吸辅助管;12—抽气管;13—虹吸下降管;14—排水井;15—虹吸破坏管;16—虹吸破坏斗;17—废水排出管

(2)生物过滤器:主要利用细菌去除溶解于水中的有毒物质,如氨等。它分为生物滤池和净化机两类。其配套设施有曝气池和沉淀池。

曝气沉淀池:鱼池排出的污水,在未进入生物过滤器前要先通过曝气进行气体交换。曝气的目的是去除污水中气态形式的氨并使水的溶氧量达到饱和,以加快生物过滤器中细菌的氧化。另外,曝气还可去除一部分有机酸,有助于提高养鱼系统的 pH,增强除氨效果。专门用来气体交换的水池称为曝气池。可将曝气池和沉淀池合建为曝气沉淀池(图 3-17)。

一般的曝气方法有两种:压缩空气和机械曝气。压缩空气法是将鼓风机或空压机压出的空气,通过池内的散气设备,使空气以气泡形式散到水中,提高水中

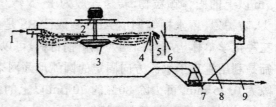

图 3-17　曝气沉淀池(孙颖民,2000)
1—进水;2—电动机;3—曝气器;4—活门;5—出水;6—导流口;7—污泥回流管;8—沉淀区 9—放空管

的溶氧。机械曝气一般采用叶轮式曝气机。叶轮旋转时水沿叶片四射,一部分抛向空中,轮轴附近出现负压区,形成池水有向上升流,增氧效果较好。

生物滤池:是应用最普遍的生物过滤器,它由池体和滤料组成,即在池中放置碎石、细沙或塑料颗粒等构成滤料层,经过过水运转后在滤料表面形成一层"生物膜",它是由各种好气性水生细菌(主要是分解菌和硝化菌)、霉菌和藻类等生物组成的。当池水从滤料间隙流过时,生物膜就会将水中有机物分解成无机物,并将氨转化成对鱼无害的硝酸盐。常用的生物滤池分浸没式(图 3-18)和滴流式(图 3-19)。

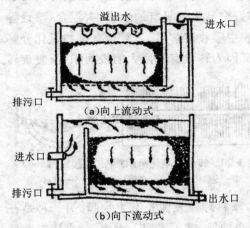

图 3-18 浸没式生物滤池(孙颖民,2000)

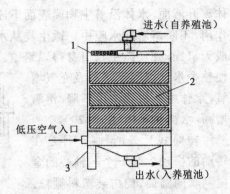

图 3-19 滴流式生物滤池(黄朝禧,2005)
1—旋转布水器;2—介质(塑料块或塑料环);
3—过滤器支脚

浸没式滤池目前使用最为广泛,其特点是滤料全部浸没在水中,生物膜所需的氧气由水流带入。根据水的过滤方向又分为向下流动式和向上流动式两种。前者水自上而下过滤,底部出水;后者则自下而上过滤,池顶溢水。二者对氨氮的清除效率相差无几,但前者不易阻塞,滤水效果相对较好(图 3-18)。池体有长方形和圆形,以圆形排污效果较好。池中滤料一般采用砂、石子、塑料蜂窝、塑料环和立体弹性滤料(毛刷)等。砂要求颗粒粗糙,具棱角,直径以 2～5 mm 为宜,砂层厚度一般为 100～150 cm;石子要求质地坚硬、多棱角、耐腐蚀,一般采用花岗岩,其粒径均匀,大小以 3～5 cm 为宜;塑料蜂窝是酚醛树脂固化的纸质品,有蜂窝状的直管空隙,优点是重量轻(50～100 kg/m^3)、孔隙率大(98%),均优于石质滤料且过滤效率高,每立方米滤料每天可硝化 150～300 g 氨氮,但缺点是价格较高;塑料环和立体弹性滤料(毛刷)是目前较理想的滤料,它们不但孔隙率高,比表面积大,滤水效果好,而且价格便宜。

滴流式滤池(图 3-19)多为圆柱形,滤料选用粒径较大的塑料块、石块或瓷环。水自上部喷淋流经滤料,由底部排出,滤料之间不被水充满,但表面形成水膜层,由空气对流给水充氧,一般不易阻塞。

净化机主要有两类:转盘式和转筒式。

转盘式是由固定在水平转轴上一列平行排列的塑料圆盘和一个与其相配的半圆形水槽组成。转盘一半暴露在空气中,一半浸入水中,工作几天后,盘片的表面生长出一层由细菌等组成的白色透明的生物膜(厚 0.8～1.3 mm)。电机带动转盘缓慢旋转(2～3 次/分钟),使生物膜与大气和水交替接触。当盘片夹带水体离开液面,水体沿着生物膜表面下流时,空气中的氧气通过吸收、混合、渗透等作用,不断溶解在水膜中。微生物从水膜中吸收溶解氧,将复杂有机物氧化分解成无机物,并使微生物自身得以繁殖。又因为转盘有着巨大的表面积,反复旋转使整个水体得到了搅拌及充气增氧,水体中有机物浓度下降,溶氧增高,水得到净化(图 3-20)。

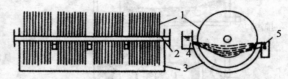

图 3-20　转盘式净化机示意图(孙颖民, 2000)
1—转盘;2—轴;3—水槽;4—进水;5—出水

转筒式又分两种:一种是在转动的横轴上装一个同轴心的金属网状的圆筒,筒内装塑料颗粒,筒的一半浸在水中,一半暴露在空气中,塑料颗粒表面长有生物膜;另一种是在转动的横轴上,捆上许多塑料管,形成一个转筒,其一半浸入水中,一半露在空气中,塑料管的内外壁上长有生物膜。塑料管一般采用内径 20 mm 的聚乙烯管。

净化机通常多个串联使用,采用多级过滤的方式提高净水效率。

3. 泡沫分离装置(蛋白分离器)

输入的溶液(包含有溶剂和溶质)被抽入塔内,塔的截面通常是圆的。一般常用扩散器把气体(一般是空气)从塔的底部注入,形成许多小气泡。这些气泡上升到液面中途,其表面吸附聚集了溶质。达到液面时,它们呈泡沫状态,并携带着溶质以及少量的溶剂。泡沫不断产生,使塔内泡沫越来越多,不断上升,最后迫使泡沫进入收集器。收集器装满后,剩余的泡沫经泡沫排出管排出。经处理后的干净溶液或基液则从塔底排出。位于底部出口处的阀门可以控制塔内液位高低,也可用软管或管道与底部出口相连接,然后控制管道的出口高度,以使液位达到所需要的高度。

4. 消毒装置

养鱼系统中经过过滤的水还含有细菌、病毒等致病微生物,因此有必要进行消毒处理。目前常用的消毒装置为紫外线消毒器和臭氧发生器。

（1）紫外线消毒器（图3-21）：有紫外线灯、悬挂式和浸入式紫外线消毒器等，浸入式消毒器可以安装在管道中或设置在渠道内（开敞式），它们均可发射波长约260 nm的紫外线以杀灭细菌、病毒或原生动物。常用的紫外线灯为低压水银蒸汽灯。悬挂式消毒器是将紫外线灯管通过支架悬挂于水槽上面，一般灯管距水面及灯管间距均为15 cm左右，灯管上面加反光罩，槽内水流量为0.3～0.9 m³/h，并在槽内垂直水流方向设挡水板，使水产生湍流而得到均匀的照射消毒；而浸入式消毒器是将灯管浸在水中，通过照射灯管周围的水流而消毒。紫外线消毒具有灭菌效果好，水中无有毒残留物，设备简单，安装操作方便等诸多优点，目前已得到广泛应用。

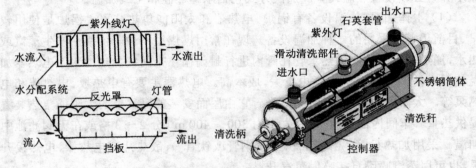

图3-21　紫外线消毒装置（左图：孙颖民，2000）

（2）臭氧发生器：臭氧消毒具有化学反应快、投量少、水中无持久性残余、不造成二次污染等优点，也是目前常用的消毒方法。臭氧发生器可由空气中连续制取纯氧并产生臭氧，是工业化养鱼较为理想的消毒装置。海水消毒臭氧用量一般为0.3～0.6 mg/L，消毒时间0.3～2分钟，水体氧化还原电位保持300～400 mV。臭氧对养殖动物本身也有毒性，因此，臭氧处理过的水须放置几分钟或经过活性炭吸附后方可使用。

（三）辅助设施

工业化养鱼辅助设施主要有增氧、加温及一些配套设施。

1. 增氧设备

要保持水体中一定浓度的溶氧，必须不断向水体中充气增氧。目前的增氧设备主要有两类：一类为增氧机式，如现在国内常用的罗茨鼓风机，具有风量大、风压稳定、气体不含油污等优点，风量1～30 m³/min，风压15～49 kPa，常用

＞34 kPa。多台配置的罗茨鼓风机的风压必须一致。其气源来自未经过滤的空气,含氧量低,因此只适合于养鱼密度较小(载鱼量小于 10 kg/m³)的开放式工业化养鱼厂,也可采用体积小、耗电省、噪音低的涡轮风机。另一类为制氧机式,它可以由空气中制取富氧(含氧量大于 90％)或纯氧,并直接通入养鱼水体中达到增氧的目的,适合于养鱼密度高(载鱼量大于 20 kg/m³)的封闭式循环流水养鱼厂。空气或氧气通过充气管道和散气装置对池水增氧。

2. 加温设备

工业化养鱼为了能够常年生产,需要通过供热加温来维持适宜于鱼类生长的水温。温流水养鱼厂可利用工厂、电厂余热以及地热等作热源,而封闭式循环流水养鱼必须设置加温设备。加温方式包括水体加温和空气加温。

(1)水体加温:加温设备有锅炉、电热器和太阳能集热装置。锅炉是使用较早、目前仍普遍采用的一种加温设备。现在常用燃煤型锅炉。由锅炉产生蒸汽或热水,通过铺设于池底的热水管在管内进行封闭循环来间接加热池水。电热器加温使用方便,容易控制,但耗电量大,成本高。电热器主要有电热板、电热棒和电热泵等。太阳能加温成本低、无污染。它由屋面安装的可移位的太阳能集热装置提供热量。车间内需设预热池,大小为 300～400 m³,分 2～3 格或在无阀滤池中加温。采用加热盘管(无缝钢管、不锈钢管或钛管)、散热片或电热棒、电热板升温,也可用蒸汽喷嘴直接喷射蒸汽升温。

(2)空气加温:可使用锅炉暖气、暖风机或空调器给养鱼车间内的空气加温以保持室温和池中水温的恒定。

3. 其他配套设施

工业化养鱼厂需根据用水量确定水泵功率和数量及输水管道直径,还需配备变配电设施、饵料加工设备和小型冷库等,为防止停电,还应配备发电机组。另外,自动化水平较高的养鱼厂还应设置电气和自动控制系统,对用电设备的电压和电流的变化,机械的运转情况,鱼池水温、水位、水质等进行自动控制和集中管理。

三、养殖技术

(一)鱼池准备与设备试运转

工业化养鱼的各种池子在使用前必须刷洗干净并进行消毒处理。旧池一般用 50×10^{-6}～100×10^{-6} 漂白粉溶液或 20×10^{-6}～30×10^{-6} 高锰酸钾溶液洗刷浸泡后,用干净海水冲净即可;新建池尚需提前 1 个月用淡水反复浸泡刷洗或加少量草酸以降低 pH,然后再消毒刷净备用。池子消毒后要进行整个养殖系统的试运转,以便提前消除事故隐患。具有生物滤池的养鱼厂,需采用放养少量鱼类或施加化肥的方法培养滤床上的生物膜,待生物膜生长成熟后方可开始正式的养鱼运转。

(二)养殖鱼类的选择与放养

1. 鱼类选择

工业化养鱼成本较高,要选择性状优良、市场潜力较大的经济鱼种作为养殖对象。如目前已广泛养殖的牙鲆、半滑舌鳎、石鲽、鲈鱼、河鲀、真鲷、黑鲪等,从国外引进的大菱鲆、美国红鱼、条纹狼鲈 *Morone saxatilis* 等,均是优良的养殖鱼种。

2. 苗种放养

(1)苗种选择。养殖苗种要选择规格整齐的同批苗。因为目前工业化养殖的鱼种多为凶猛的肉食性,如果苗种大小相差较大,入池后会因互相残食而降低成活率。尽量选择规格较大且已能完全摄食死饵或配合饵料的苗种,因为这样的苗种成活率高,且养殖操作容易。如牙鲆、大菱鲆苗一般应选择全长5 cm以上的。另外,苗种要求体形正常、体质健壮、反应灵敏、活力强、集群摄食明显。对于鱼体瘦弱、体表受伤、得病或畸形苗种,在选择时应注意剔除,如牙鲆的黑化和白化苗、真鲷的脊椎骨畸形苗在养殖时是不能使用的。

(2)苗种放养。放养方式:一般采取单养,这样可以根据所养鱼类的特性制订管理措施。为了充分利用水体,还可采取一放多捕或轮捕轮放的方式。饲养早期,可适当加大放养量;中后期,捕大留小,并补放一些苗种,以养殖前期不浪费水面;后期不抑制鱼的生长为原则。

放养密度:工业化养鱼的放养密度相对较高,国外高密度养殖的鱼水重量之比可以高达1:3,一般为1:10,国内循环水养殖密度一般为 $15 \sim 40$ kg/m²。鱼的放养密度与鱼池结构和设备,水流量、水温、水质,饵料数量和质量及投饵方式,苗种的种类、规格及放养方式等具有密切的关系。

另外,鱼苗放养前要用 $0.3 \times 10^{-6} \sim 0.5 \times 10^{-6}$ 的 $CuSO_4$ 或 $5 \times 10^{-6} \sim 10 \times 10^{-6}$ 的 $KMnO_4$ 药浴 $5 \sim 10$ 分钟,以杀灭鱼苗体表寄生虫和防止受伤鱼苗细菌感染。

(三)饲养管理

1. 养殖环境监控

(1)水温:工业化养鱼为了保证高产和常年生产,配备的调温设备可将水温控制在所要求的范围内。可以每日定时人工测定水温或通过自动测定、记录温度的装置随时观测水温变化，并通过控温装置使调温设备能按需要运行。冬季应注意采用适宜的加温方式，在温度达到预定要求的同时注意保温和节约能源，夏季注意防暑降温。

（2）光照：养鱼池上方光线不宜过强，一般以 1 000～5 000 lx 为宜，否则会使池鱼不安，并使池底、池壁繁生藻类而影响池鱼摄食和生长。

（3）水质：需经常定期测定饲育水的溶解氧、盐度、pH、氨氮、亚硝酸态氮和硫化物等，保证各项水质指标严格控制在规定的范围内。一般鱼池中平均溶氧量在 5～8 mg/L，排水口的水中溶氧量不低于 3 mg/L；pH 为 6.5～8.5；氨氮低于 1 mg/L；亚硝酸态氮低于 0.1 mg/L；盐度符合所养鱼种的适宜盐度范围。设备先进的养鱼厂应配有水质自动测定、自动记录、自动控制屏等设备。

要保证良好的水质，首先必须保证净化系统的正常运行，要及时更换滤池或滤料；及时刺穿、翻动滤料层；及时反冲滤池，防止堵塞；滤池和沉淀池要及时排污，还要保证足量的充气、增氧和消毒装置的正常运转。此外，鱼池的水质还要靠调节鱼池水流量来维持，流量调节的依据主要是水中的溶解氧和氨氮的含量，而它们又取决于水温和放养密度的大小。一般开放式循环流水养鱼系统中溶解氧主要靠流水提供，通常水流量较大，而封闭式循环流水养鱼系统一般配有增纯氧设施，水循环频次为 10～20 次/天。各养鱼厂应根据自身的设备情况和养殖密度综合考虑适宜的水流量。封闭式养鱼系统为防止循环水水质恶化，还需每天补充和交换 5%～10% 的新水，若已轻微恶化，应把补充水量提高到 20% 以上，若水质严重恶化，应补充大量的新鲜水，在 1～2 天用新鲜水逐渐取代全部污水。另外，鱼类的放养密度不要超过鱼池和水质净化系统的最大负荷，以免系统长期超负荷运转引起水质恶化。

如果鱼池排污性能不好，投饵后，池底会聚积残饵、粪便，水面上会漂浮饵料中析出的油膜，此时可采用降低水位加大水流量或吸底的方法排污。池壁和池底粘有的饵料油脂、排池物等易繁殖细菌、诱发鱼病，应经常擦、刷洗。但操作过程中不要过分惊扰鱼群，以免影响其摄食。

2. 饵料及投喂

（1）饵料种类：工业化养鱼所用饵料一般要求大小适口，营养成分配比合理，干湿度适中，黏合性强，以减少饵料散失和溶化在水中。主要种类有生鲜饵料、湿型颗粒饲料、固体配合饲料等。生鲜饵料主要为新鲜或冷冻的杂鱼虾，其营养全面，鱼类摄食后生长较好，但缺点是污染水质且难以添加营养剂和药物；湿型配合饲料制作时需以生饵为原料,因此,需注意生饵的鲜度;固体配合饲料对水质污染少,投喂简单,保管方便,但价格较贵。另外,干、湿型配合饲料使用时需添加维生素E、维生素C和复合维生素,以免鱼类产生维生素缺乏症,一般总添加量为饲料的1%～2%。

(2)投喂量及投喂方法。投喂量:一般日投喂量为鱼体重的2%～15%,比例随鱼体增大而降低,应尽量控制在鱼饱食量的70%～80%,切忌过饱。具体的投饵量还应根据鱼的健康状况、水质好坏、天气状况、水温高低灵活掌握,以每天投喂后无残饵为原则。另外,药浴、倒池或分选前后要适当减少投饵量或停饵。

投喂方法:一般要求分散均匀地投于入水口的前部,对密集鱼群外围的个体要适当给予照顾。可先将应投喂量的60%全池投撒,剩余40%根据鱼的摄食状况投撒,尽量使饲料未沉底前已被鱼抢食。投喂以后10分钟,检查池底有无残饵,可供次日投饵量之参考。也可使用自动投饵机每日多次定时投撒。另外,养殖过程中要几种饵料并用,避免长期单独投喂一种饵料。例如,牙鲆养殖中,通常在苗种期到入秋投喂固体配合饲料提高成活率;水温降到25℃以下或出池上市前投喂生鲜饵料或改善营养成分的湿型配合饲料以提高商品鱼的肉质。

3. 大小分选

目前海水工业化养殖的鱼种,如牙鲆、鲈、美国红鱼、黑鲷、河鲀、石斑鱼等多为凶猛肉食性,它们一般在全长10 cm以前互相残食现象严重,而且随个体间差异的增大,饵料的不足和饲育密度的增大而加剧,因此要经常进行大小分选,它是获得良好饲养效果的必要技术措施之一。通过大小分选可以减少互残,加快生长速度,便于管理。一般苗种放养后,每月需分选1～3次。分选操作时要轻、快,避免鱼体受伤,尽量缩短离水时间和密集时间。分选时鱼的密度不宜太大,以免造成缺氧,同时要避开高温、闷热天气,加大流水和充气量。分选后的鱼要进行药浴以防止曲挠杆菌和弧菌等细菌感染,可使用$100×10^{-6}$～$200×10^{-6}$的甲醛药浴1～2小时,或$10×10^{-6}$～$20×10^{-6}$的盐酸土霉素药浴1～2小时,或$5×10^{-6}$～$10×10^{-6}$的高锰酸钾药浴5～10分钟。

4. 日常管理

先进的工业化养鱼厂日常管理已全部或部分实现自动化,但目前国内养鱼厂的自动化程度还较低,需注意抓好日常管理工作。每天要经常巡池,观察鱼的游动和摄食情况,做到合理投饵,并定期抽样检查鱼体的生长情况;定时测定水质指标,及时排污,随时注意调节鱼池水流量,防止水质突变;注意发现鱼病,及时预防和治疗,要经常检查鱼的体色是否异常,是否离群或摩擦池边,发现病鱼、死鱼,要立即捞出,以防鱼病蔓延,鱼病高发季节应对整个养鱼系统进行经常性的消毒,但封闭式循环养鱼系统消毒用药要特别慎重,以免对生物滤池中的微生物产生毒害作用;另外,要经常检查排水口是否漏鱼,注意设备的维护和保养,保证设备正常运转,关键设备要经常检查维修,避免或最大限度减少事故。

第四章
牙鲆繁育生物学与健康养殖

　　牙鲆俗称比目鱼、牙片、偏口,为高档食用鱼种,其肉质鲜嫩,内脏团小,市场价值高,且具有近岸洄游距离短,回归性强,生长较快,耐寒力强等优点,是沿岸增殖型渔业和人工繁养殖的优良鱼种,在我国有着极大的发展潜力并日益受到我国、日本、韩国等国家养殖业者的青睐。我国牙鲆的人工繁殖研究始于 1959 年,但 20 世纪 90 年代方开始人工养殖,1992 年后,山东荣成、威海、蓬莱等地先后进行大规模的工厂化养殖,现已形成具社会性、集约化的生产格局,河北、辽宁及南方各省市也在积极发展牙鲆养殖,并取得了良好的经济和社会效益。

第一节　牙鲆繁育生物学

一、分类、分布与形态特征

　　牙鲆 *Paralichthys olivaceus* 在分类上属于鲽形目 Pleuronectiformes 鲽亚目 Pleuronectoidei 鲆科 Bothidae 牙鲆属 *Paralichthys*。

　　牙鲆在太平洋西岸东北亚,从萨哈林海到我国南海均有分布。我国四大沿海水域中,以黄渤海最多,山东半岛沿岸是集中分布区之一。日本、朝鲜、俄罗斯远东沿海也较多。

　　牙鲆体侧扁,呈长卵圆形,左右不对称,两眼位于头部左侧(图 4-1)。口大,前位,上颌后缘在眼下方,两颌等长,各具一行尖锐牙齿。侧线明显,在胸鳍上方呈波浪形。体长为体高的2.3～2.6 倍。有眼侧被栉鳞,呈深褐色斑点和

图 4-1　牙鲆

白色较小圆斑点。无眼侧被圆鳞,呈白色。胸鳍、腹鳍短小,背鳍起于眼前缘,臀鳍起于胸鳍基底前端下方。尾鳍后缘呈双截形。

二、生态特性

牙鲆为冷温性底层鱼类,栖息于水深 20～50 m,底质为泥沙底的大陆架水域,具潜砂习性,越冬场在水深＞50 m 的外海。

牙鲆在极限水温 1 ℃和 33 ℃时只能短暂存活。当年稚、幼鱼较耐高温,而 2 龄以上的牙鲆适应高温能力明显下降。而 1 龄以下的稚、幼鱼耐低温能力较差。牙鲆仔、稚鱼培育生长的最适水温为 16 ℃～21 ℃,成鱼生长的适温为 8 ℃～24 ℃,最适水温为 16 ℃～21 ℃。养殖牙鲆在 5 ℃以下不摄食;13 ℃以下、23 ℃以上摄食减少;10 ℃以下、25 ℃以上不大摄食并停止生长;水温在 10 ℃～24 ℃范围内随着水温增高摄食量逐渐增加,水温超过 27 ℃是危险的,长期处于 27 ℃或在超过 27 ℃的环境下,易引起大量死亡。

牙鲆为广盐性鱼类,对盐度变化的适应能力很强,能在盐度低于 8 的河口地带生活。幼鱼对低盐环境有很强的适应能力,对低盐的忍耐力随个体增大而增强,体长 25～30 mm 稚幼鱼,在盐度 18 的海水中 24 小时成活率达 100%,即使在纯淡水中,也可存活 1～2 天。生长最适盐度为 17～33。

牙鲆耐低溶解氧能力强,溶解氧致死浓度为 0.6～0.8 mg/L。人工养殖牙鲆时溶解氧应高于 4 mg/L。

牙鲆喜暗光环境,具昼伏夜出习性。

牙鲆洄游性小,随季节和发育阶段表现出深水→浅水→深水的短距离洄游。春季 3～4 月,由深海到近岸行生殖洄游,产卵后分散索饵;秋季 9～10 月,由近岸到深海 50 m 深,甚至 90 m 深以上海区越冬(11～12 月)。

牙鲆是典型的凶猛肉食性鱼类,在自然环境中多以小型鱼类为食。天然牙鲆 3 cm 以下仔稚鱼以浮游动物及其幼体为食,如轮虫、桡足类、糠虾、尾虫类等。从全长 3 cm 逐渐转食鱼类,也食虾蟹类、头足类等。从全长 10 cm 捕食鱼的能力提高,15 cm 的牙鲆捕食的天然饵料中有近 90% 是鱼类,如鳀鱼 *Engraulis japonicus*、天竺鲷 *Apogon*、鰕虎鱼、玉筋鱼 *Ammodytes personatus*、沙丁鱼 *Sardina*、鲐鱼 *Pneumatophorus japonicus*、竹筴鱼 *Trachurus* 等。

牙鲆在自然海域,孵化后 1 个月,全长 1.5 cm;2 个月,3 cm;3 个月,6 cm 以上;以后生长明显加快。每个月可长 4 cm,到秋天可达 20 cm 左右。1 龄 30 cm,体重 250 g;2 龄 40 cm,700 g;3 龄 50 cm,1.4 kg;4 龄 60 cm,2.5 kg;5 龄 65 cm,

体重 3.3 kg；6 龄 70 cm，4.5 kg。牙鲆春秋季生长速度明显加快，其他季节慢，且雌鱼比雄鱼生长快。人工养殖条件下，水温适宜、饵料充足，生长较快，1 龄可长到 350～500 g，1.5 年长到 700～1 000 g。牙鲆寿命可达 10 龄以上，体长 1 m 以上，体重 10 kg 以上。

三、繁殖生物学

天然牙鲆生物学最小型（首次加入产卵个体的大小）雌性全长为 360～450 mm，雄性为 300～380 mm。天然牙鲆的性成熟年龄雌性 3～4 龄，雄性 2～3 龄。人工养殖的牙鲆要比天然牙鲆性成熟早一年。我国黄、渤海牙鲆的繁殖期为 4 月底至 6 月底，历时 2～3 个月，盛期为 5 月中旬。产卵场多在靠近沿岸水深 20～50 m，潮流畅通，底质多为沙泥、砂石或岩礁的海区。产卵水温范围为 11 ℃～23 ℃，盛期水温 13 ℃～17 ℃，最高峰期 15 ℃左右。牙鲆的卵巢多次成熟，分批产卵，产分离浮性卵。1 尾雌鱼 1 次产卵量为 4 万～45 万粒，平均 15 万粒左右，有的个体一个产卵期可产卵 20 余次，总卵量为 1 000 万～3 630 万粒。其怀卵量与个体大小、年龄呈正相关。

四、发育生物学

（一）胚胎发育

牙鲆卵属端黄卵，呈透明圆球形，卵径为 0.9 mm 左右，有一个直径约 0.13 mm 的油球。卵子受精后开始胚胎发育，胚胎发育是指受精卵从卵裂到仔鱼即将出膜这一段时期，又称卵膜内发育期（表 4-1，图 4-2）。

表 4-1　牙鲆受精卵胚胎发育时序（水温 14.6 ℃～15.5 ℃；谢忠明，1999）

发育期	受精后时间	发育期	受精后时间
2 细胞期	1 小时 50 分钟	胚盘下包 2/3	21 小时 40 分钟
4 细胞期	2 小时 25 分钟	视泡期	22 小时 00 分钟
8 细胞期	2 小时 25 分钟	卵黄栓形成期	27 小时 10 分钟
16 细胞期	4 小时 05 分钟	克氏囊形成期	33 小时 40 分钟
32 细胞期	4 小时 35 分钟	胚体绕卵黄 1/2	34 小时 40 分钟
128 细胞期	6 小时 15 分钟	尾芽期	43 小时 20 分钟
高囊胚期	10 小时 00 分钟	晶体初现	44 小时 30 分钟
低囊胚期	11 小时 00 分钟	胚体绕卵黄 3/5	50 小时 40 分钟
原肠初期	14 小时 30 分钟	胚体绕卵赞 4/5	57 小时 40 分钟

续表

发育期	受精后时间	发育期	受精后时间
胚盾形成期	15 小时 45 分钟	孵出期	63 小时 30 分钟
胚盘下包 1/2	18 小时 50 分钟		

图 4-2　牙鲆胚胎发育过程（张孝威等，1965）

1—原肠早期；2—原肠晚期（外包 2/3）；3—原口接近关闭；4—孵化孔；5—原口关闭，6 对肌节；6—尾芽出现；7—胚体具 25 对肌节；8—胚体抱卵 4/5；9—即将孵化

（二）胚后发育

1. 前仔鱼期

从初孵仔鱼开始到卵黄和油球被吸收消失为止，孵化后 1～5 天，平均全长 2.3～4.5 mm，完全依靠卵黄和油球维持生命活动。

2. 后仔鱼期

从卵黄囊被吸收殆尽到冠状幼鳍基本形成，右眼上升至头顶，脊索末端向上翘起，各种运动器官基本完善。孵化后 6～20 天。全长范围为 4.5～10 mm。仔鱼已开口，开始依靠外源性营养（摄食动物幼体与小型浮游生物）进行发育（见彩页图 12）。

3. 稚鱼期

从右眼上升至头顶到右眼完全移到左侧，体型趋近成鱼，各运动器官日臻完善，鳞片完善，消化器官基本趋向成鱼，完成变态过程，完全营底栖生活为止。在孵化后 20～70 天，全长在 10～50 mm（见彩页图 13）。

4. 幼鱼期

一般泛指当年幼鱼，鳞片已完全长成，全身被鳞，完成变态，体形与习性与成鱼基本相似。牙鲆的幼鱼期是指孵化后 70 天以后，全长在 50 mm 以上。

牙鲆仔稚鱼的生长发育进程为（图 4-3）：

初孵仔鱼，全长 2.13～2.95 mm，卵黄囊长 1.0 mm，油球 1 个，直径为 0.13～0.18 mm，眼在头部左右两侧对称的位置；孵出 2～3 天的仔鱼，全长 3 mm 左右，卵黄、油球消耗变小，消化道变粗并达肛门，口部发育不完全；4～5 天的仔鱼,全长 3～4 mm,眼变黑,开口,卵黄已基本被吸收,油球残留很小,消化道内侧可见明显褶皱;6 天的仔鱼,全长 4.6 mm 左右,消化道进一步回转,变得稍长;7～8 天仔鱼,全长 4～5 mm,头后部生长鳍条原基,消化道完全回转,膨大;10～12 天的仔鱼,全长 6 mm 左右,背鳍前端部鳍条中 3 条显著伸长;14～18 天的仔鱼,全长 7 mm 时,有 4 条鳍条显著伸长;18～24 天的仔鱼,全长 8～10 mm,5 条鳍条显著伸长,生齿,右眼开始上升移动;当仔鱼全长达 13～15 mm 时,变态结束,右眼完全转至左侧,伸长的鳍条消失,体形接近成鱼,完全着底。

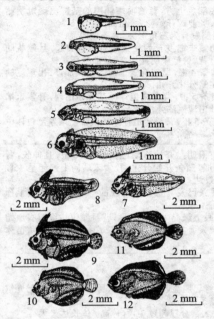

图 4-3 牙鲆胚后发育(张孝威等, 1965)

1—初孵仔鱼,全长 2.21 mm;2—1 天仔鱼,全长 3.04 mm;3—口和肛门出现, 3 天,全长 3.60 mm;4—卵黄囊接近消失, 5 天,全长 3.80 mm;5—冠状幼鳍原基出现, 9 天,全长 4.22 mm;6—冠状幼鳍出现, 15 天,全长 6.20 mm;7—冠状幼鳍鳍条出现, 17 天,全长 8.25 mm;8—右眼开始上升, 20 天,全长 8.30 mm;9—背鳍、臀鳍鳍条形成, 26 天,全长 10.60 mm;10—右眼转到头顶, 28 天,全长 12.60 mm;11—右眼转过头顶, 30 天,全长 13.00 mm;12—右眼转到左侧, 35 天,全长 13.70 mm

五、变态期生物学

(一)牙鲆变态期的发育变化

1. 变态期的划分及其主要形态、生态特征

根据变态期鱼苗的形态与生态习性的变化,可将变态期划分为变态早期

（Ⅰ、Ⅱ），变态中期和变态晚期（Ⅰ、Ⅱ）3个亚期共5个阶段（表4-2，图4-4；刘立明，1996）。

表4-2　牙鲆变态期的划分及其主要形态、生态特征（刘立明，1996）

仔稚鱼期	变态期划分		变态期各阶段的主要形态特征	仔稚鱼生态习性
后期仔鱼	变态早期	Ⅰ	A. 仔鱼头部后上方，背鳍前端鳍膜的基部出现冠状鳍原基的增厚，肠前部开始膨大、扭曲； B. 冠状幼鳍发育为三角形突起，肠曲明显； C. 冠状幼鳍末端发育为三条半游离状突起，且冠状幼鳍担骨形成，背、臀鳍膜显加宽，肠曲呈环状； D. 冠状鳍条4根，尾部脊索下部的鳍膜加厚，出现尾鳍下叶原基，尾鳍分化开始； E. 冠状鳍条5根，背臀鳍担骨原基开始出现，脊索末端平直，尾下叶出现尾鳍弹性丝； F. 冠状鳍条5根，背臀鳍担骨原基带已增厚至鱼体中后部，脊索末端略微上翘，尾鳍下叶微凸	仔鱼在水体中营浮游性的生活方式，间歇性游动，静止时悬浮在水体的上层，仔鱼消化道内的饵料相对较少
后期仔鱼	变态早期	Ⅱ	G. 仔鱼右眼明显开始移动，冠状鳍条6根，且伸长，背臀鳍担骨形成，鳍条开始分化，脊索末端向上翘起呈45°，尾鳍条开始发达； H. 背臀鳍条已发育至原始鳍膜的一半，脊索末端上翘90°，并已回缩； I. 仔鱼右眼上缘尚未超过头顶，背臀鳍仅边缘留有原始鳍褶，尾鳍已发育完善，冠状鳍条长/体长达最大，鱼苗体呈黄褐色	仔鱼于水体表层已保持水平游动，且巡游能力逐渐增强，鱼体时而在水中完成"S"形的状态。此时的仔鱼摄食活动旺盛，消化道饱满
稚鱼	变态中期		J. 右眼上缘已明显超过头顶，背、臀、腹鳍条数目已近似成体，冠状鳍条达到最长； K. 右眼的大部分已超过头顶，体高/体长达最大	稚鱼身体左侧略向上，并侧向倾斜游动，呈现被动的集群现象，且稚鱼的集群多降至水体中层摄食，时而旋转或群体上下翻滚游动，并有夜间下沉、白天上浮的习性
稚鱼	变态晚期	Ⅰ	L. 鱼体右眼已转到头顶正中线，背臀鳍条迅速增长并进一步完善化，冠状鳍条开始明显缩短； M. 右眼开始转到鱼体左侧，胸鳍发育良好，冠状鳍条尚未完全消失，体表黑色素增多	从水体中下层完全转归底栖生活，身体左侧向上，右侧向下，静卧池底，极少活动，多数鱼苗基本停食，消化道空胃率增多或仅有少量饵料
稚鱼	变态晚期	Ⅱ	N. 右眼已完全移到鱼体的左侧，冠状幼鳍消失，色素发达，身体已不透明，鳞被尚未出现	鱼苗伏底或贴壁，恢复间歇性的短距离底层运动，日益趋近成鱼的运动方式，摄食量增大，摄食行为、生活方式已近似成鱼

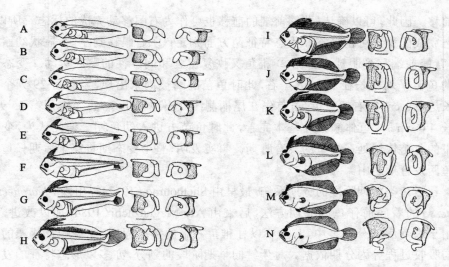

图 4-4 牙鲆变态期形态特征及消化系统发生(刘立明, 1996)

A—5.77 mm TL;B—6.27 mm TL;C—6.61 mm TL;D—6.89 mm TL;E—7.23 mm TL;F—7.86 mm TL;
G—8.57 mm TL;H—9.17 mm TL;I—9.88 mm TL;J—11.19 mm TL;K—12.47 mm TL;L—13.27 mm TL;
M—13.52 mm TL;N—15.41 mm TL(消化系统比例尺示 1 mm)

变态期的划分,是以仔稚鱼的形态特征及其在整个变态发生、进行和完成过程中的生态习性变化规律为分期依据,以对变态期进行综合分析的结果。在变态早期(Ⅰ和Ⅱ),仔鱼消化道开始回旋,其主要运动器官——奇鳍开始发生并逐步分化,但尚未完善,鱼苗属于后期仔鱼,营浮游性生活。其中,A~F阶段的仔鱼,两眼仍保持左右对称,仔鱼以脊索屈伸和鳍膜运动为主,对水平游泳的控制能力较弱,充气条件下的仔鱼不时处于被动漂浮状态;自G阶段开始,仔鱼右眼开始上升,且向自由游泳转化,以此可将变态早期Ⅰ(A~F阶段)和Ⅱ(G~Ⅰ阶段)区分开。及至变态中期,背、臀、尾鳍等主要运动器官的基本完善表明鱼苗已由仔鱼期进入稚鱼期,此期稚鱼在育苗池中表现为降至水体的中层,在较浅的水槽中则表现为昼夜间上浮与沉底的多次反复,因此,变态中期(J和K阶段)以其独特的由浮游→底栖生活过渡的生态习性而与变态早期和晚期分离开来。变态晚期的稚鱼开始营底栖生活,其中晚期Ⅰ(L和M阶段)为变态的高峰期,鱼苗极少活动,而晚期Ⅱ(N阶段)则为稚鱼变态结束,即右眼移动完成,恢复贴底运动并趋向成鱼型习性特征的时期。对变态期结束的判定标准,一般认为稚鱼右眼已完全转移到左侧为止,以及鱼苗已明显具有躲避能力时,便标志着变态完成。由于牙鲆在变态过程中,背鳍前端最初位于眼睛之后,待右眼转到左侧后时,背鳍前端才逐渐前移。因此，可以确认，背鳍前端的前移也可作为右眼移动完成的标志。所以，变态完成的稚鱼可由形态和生态特征两方面判定：① 右眼移到左侧，冠状幼鳍消失，背鳍前端移到眼球中部。② 稚鱼又恢复摄食和间歇性的贴底运动。变态完成的鱼苗平均全长在 1.5 cm 左右，此时鱼苗的鳞被尚未出现，当孵后 29 天个别全长达 2.0 cm 左右的鱼苗，方首先在尾柄侧线处出现初生鳞，直至孵后第 65 天，全长 4.0 cm 时，鱼体鳞被才基本完善，此时鱼苗方进入幼鱼期。据此认为，变态结束的鱼苗依然处在稚鱼的发育时期。事实表明，整个变态期贯穿于后期仔鱼和稚鱼两发育期之中。

比目鱼类早期阶段的分期系统，最早由 Shelbourne（1957）提出鲽 *Pleuronectes platessa* 的着底前仔鱼的分期方法，后来由 AL-Maghazachi（1984）加以改进，并应用于大菱鲆的分期之中，其主要以仔稚鱼右眼的移动程度、鳃盖棘及泳鳔的发生与吸收过程等为分期依据。对牙鲆的早期阶段的划分，亦多以形态特征的发育为依据，而对变态期更是以标识变态特征的右眼移动和冠状幼鳍的消失过程为划分标准。以此为基础，进而结合和分析牙鲆变态过程中的生态习性和摄食变化规律，可将变态期划分为 3 个亚期 5 个阶段。事实表明，该划期方法可更确切地体现出牙鲆的动态发育特征。而且，由于牙鲆变态阶段的生长和发育，往往部分是由于其先天遗传因素的控制，部分则反映了培育环境因素，如温度、盐度、饵料和水质管理工艺等的影响，因而单纯基于测量鱼体生长（体长、体重）及仔鱼日龄的分期方法通常难以确切地反映出仔鱼的发育进程，虽然立足于形态特征的视觉分期系统较为方便准确，但结合仔鱼生态习性变化的分期方法，则更能从实验生态学的角度把握仔稚鱼的总体发育进程，特别是在牙鲆的苗种生产中，更具有指导意义和实用价值。

2. 变态期消化系统的发育

牙鲆初孵仔鱼消化系统几乎尚未分化，在卵黄吸收的过程中，各组织器官迅速分化，并于开口的前后便初步确立了满足基本摄食需求的消化系统原始构造，即消化管已分化为口咽腔、食道、肠、直肠，肝脏、胰脏、胆囊等也初步形成。这与鰤鱼 *Seriola*、鲈鱼、真鲷和黑鲷等浮性卵仔鱼的消化系统变化属于同一种类型。但牙鲆开口仔鱼直管状的消化道不同于真鲷、黑鲷，后者的开口仔鱼已具有了环状的肠管。进入变态期后，仔鱼消化系统相继发生了一系列显著的变化，且与变态的进程密切相关（图 4-4）。

变态早期 I，伴随冠状幼鳍的发生，仔鱼肠的前部回旋，形成环状肠管，消化道逐渐加粗，且肠内网状皱襞日渐发达。肝脏为左大、右小的两叶肝，胆囊呈葡萄状,但肝形变化不大。

变态早期Ⅱ的仔鱼消化系统变化明显。仔鱼在上、下颌出现细齿,在鳃弓内靠口咽腔一侧出现锯齿状鳃耙突起。胃稍微扩大,盲囊部开始分化,消化道呈现拉长趋势。肝脏产生了明显的形变,其前部和下部分别凹入,后部则呈分支突起状。该期消化道最显著的变化是出现了"3+1"型的幽门垂突起,即由围绕胃幽门部的肠壁向外突出3个指状突起,另一个突起则由稍离幽门部一段距离的肠壁突出而成。从幽门垂的分化过程来看,其构造与肠完全相同,营消化吸收功能,且几乎所有鱼类的幽门垂均是在背、臀、尾鳍等鳍条开始分化的后期仔鱼的末期开始形成的。实验观察表明,牙鲆也符合这一规律,只是牙鲆仔鱼的幽门垂一开始便形成了成鱼所固有的类型与数目,这与鲈、鲥等仔鱼的幽门垂数量随着生长而逐渐增多有明显区别。

变态中期,稚鱼体高的增大使消化道和肝脏明显纵向拉长,左叶肝分支加剧。胃体稍微拉长,盲囊部的明显形成使稚鱼初步形成了近似Y型的胃。食道、胃、直肠的纵行皱襞和肠内的网状皱襞相当发达。

变态晚期Ⅰ,随着稚鱼右眼由背中线处(L期)转到左侧(M期),胃体的明显伸展将肠挤压使其以顺时针转动(左侧观),最终使直肠发生扭转、折叠。消化道扭曲的过程与右眼的移动过程具有同步性,因此,无论从外部形态、生态习性及内部结构变化来看,此时均是牙鲆变态最为剧烈的时期。此间,肝脏也由纵向拉长而变得缩短。

变态晚期Ⅱ(变态结束),稚鱼的胃已形成了贲门部、盲囊部和幽门部,略呈Y型的胃在消化道中居于显要位置,胃容量相对变态前显著扩大。指状幽门垂较粗短,肠弯成一个环曲,直肠发生一次弯曲折叠,鳃耙已形成,两颚齿尖锐、发达,这些特征均表明,消化系统基本形成了成鱼的固有类型和适合于掠食鱼虾的特点。牙鲆的这种发育特点与黄盖鲽 *Limanda yokohamae* 有所不同,后者的变态后稚鱼消化道尚未完善,其伴随鳞被的发生而继续盘曲、折叠,直到鳞被完善后方形成成鱼型的构造,这可能与其成鱼肠襻较多、需较长时间的盘曲过程有关,同时也与其主食沙蚕等底栖生物的食性类型相适应。

(二)牙鲆变态期的生长变化

牙鲆初孵仔鱼的全长为2.10~2.65 mm,平均为2.42 mm。通过比较仔稚鱼在20.4 ℃(对照)、22.0 ℃、24.0 ℃和26.0 ℃水温条件下的生长(图4-5A),发现各组仔鱼自实验开始后的全长日生长曲线均为凹形,这表明其增长速度逐渐增大,其中,对照组在日龄 17～21 天时的生长速度为最快,日均增长为 0.89 mm; 22.0 ℃组为 16～19 天,为 1.03 mm; 24.0 ℃和 26.0 ℃组则均为 15～18 天,日增长分别为 0.95 mm 和 0.99 mm(刘立明,1996)。此快速生长期恰为形态发育的 I～K 阶段,即为变态早期末到中期末。

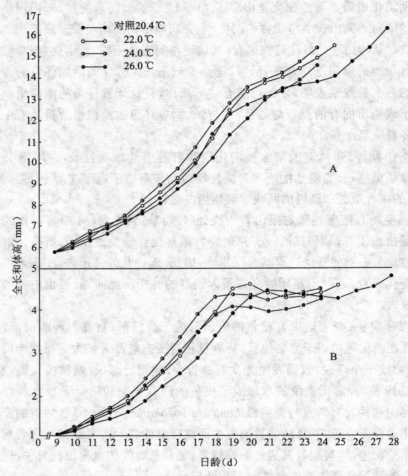

图 4-5　不同水温条件下牙鲆变态期的全长(A)和体高(B)变化(刘立明, 1996)

然而快速生长过后,生长曲线随即变为凸形,仔鱼的生长速度明显趋于缓慢,主要表现在 23～24 天(对照),21～22 天(22.0 ℃)和 20～21 天(24.0 ℃和 26.0 ℃)时的生长速度为最慢,其日增长分别为 0.09 mm, 0.27 mm, 0.30 mm 和 0.28 mm。此时多数稚鱼处于 M 的发育阶段中,即变态晚期 I。在 26 天(对照),23 天(22.0 ℃)

和 22 天（24.0 ℃和 26.0 ℃），稚鱼（＞70%）完成变态后，又恢复了较快生长。分析牙鲆变态期中各阶段的生长变化，可以得出：变态早至中期是加速生长期，变态晚期 I 则是其生长的减缓期，变态晚期 II 是稚鱼生长的再度恢复期，因而牙鲆整个变态期的生长构成了 S—J 型的生长曲线，体现了变态期生长由渐加速→渐减速→再度恢复的变化趋势。其中各组生长曲线的拐点，均发生于变态晚期 I 的 L～M 阶段前后，生长速度由快→缓的拐点位于 20～21 天（对照），19～20 天（22.0 ℃）和 18～19 天（24.0 ℃和 26.0 ℃），生长速度再度回升的拐点是 25～26 天（对照），22～23 天（22.0 ℃）和 21～22 天（24.0 ℃和 26.0 ℃）。比较各组仔稚鱼的生长，22.0 ℃组生长状况一直优于对照组，而 24.0 ℃和 26.0 ℃组在实验开始最初几天内的生长速度一直低于上述两组，这可能是由于仔鱼对水温的升高适应力较差所致。但随后，24.0 ℃和 26.0 ℃组的生长速度也逐渐加快，其中 24.0 ℃组的全长在实验开始后第 3 天（日龄 12 天）超过对照组，第 4 天（日龄 13 天）超过 22.0 ℃组；26.0 ℃组则在实验开始后第 5 天方才超过对照组，但其生长速度却始终低于 24.0 ℃组。分析各组材料在整个变态期的全长日均增长量，分别为 0.52 mm/d（对照，9～26 天），0.61 mm/d（22.0 ℃，9～23 天），0.64 mm/d（24.0 ℃，9～22 天）和 0.58 mm/d（26.0 ℃，9～22 天），因而从牙鲆变态期的生长速度比较中，呈现出 24.0 ℃组＞22.0 ℃组＞26.0 ℃组＞对照组的现象。另外，从图 4-5A 可知，22.0 ℃和 24.0 ℃组的生长减缓期比对照组较短且不明显，这可能是由于高水温对生长的促进作用，致使仔稚鱼迅速渡过了生长迟缓期的缘故，而 26.0 ℃组在变态深化期中却表现相反，生长速度明显下降，显然过高的水温对牙鲆变态深化期的生长有着明显的阻碍作用。

牙鲆的体高生长最初也表现为渐加速（图 4-5B），特别是 13～14 天仔鱼右眼开始移动时（变态早期 II）明显加快，并于 21 天（对照），20 天（22.0 ℃）和 19 天（24.0 ℃和 26.0 ℃）时分别达到最大体高，而后便呈现负增长的趋势，并在 25 天（对照），22 天（22.0 ℃）和 21 天（24.0 ℃和 26.0 ℃）降到最小值，稚鱼变态完成后，与全长一样又表现出正生长的缓慢恢复趋势，这同样体现出变态期间牙鲆独特的生长规律。

牙鲆在变态期的生长变化明显地区别于其幼鱼和成鱼期的生长（朱鑫华等，1991），有着自己独特的生长规律，即在伏底前后存在着生长的"停滞"现象，这与黄盖鲽在着底期的体长负增长现象极为相似。因此，若以直线拟合其生长过程是不够恰当的，而以 S-J 型曲线可以较确切地反映出这一生长过程。应指出的是，尽管牙鲆生长受饵料、饲育密度、环境因子等多种因素的制约，但本实验各组初始仔鱼密度均为 12.5 尾 / L,且还随着培育进程而逐渐降低,因此在饵料充足的条件下,尚不足以对仔鱼生长产生阻碍影响,值得注意的是,26.0 ℃组由于死亡率较高,其仔鱼密度低于 24.0 ℃组,而其生长速度也低于 24.0 ℃组,这充分说明,实验中仔鱼密度并非是影响其生长的主要因素,在各种条件一致的情况下,培育水温则是造成仔鱼生长差异的主要原因。因此,适宜的高水温显然可以促进牙鲆的生长,24.0 ℃的水温,除对变态早期 I 的仔鱼生长具有阻碍作用外,由于仔鱼忍受高温能力随发育而逐渐增强,为此,24.0 ℃(平均水温)成为牙鲆变态期生长最快的水温,超过 24.0 ℃的水温必将导致生长速度的下降。

(三)牙鲆的变态速度与大小

1. 仔稚鱼的变态速度

如表 4-3 所示,通过每日取样统计各期仔稚鱼的比例,并参考相对生长的变化,以确定其发育及变态速度(刘立明,1996)。对照组第 26 天,有 73% 的稚鱼完成变态(N 期),体高恢复正生长,第 28 天全部完成变态;22.0 ℃组第 23 天有 80% 的稚鱼,第 25 天全部稚鱼完成变态;24.0 ℃和 26.0 ℃组于第 22 天,各有 90% 和 87% 的稚鱼完成变态,且均在第 23 天全部变态结束。以大于 70% 的稚鱼完成变态作为整体鱼苗基本变态结束的标志,则各组变态期分别历时 17 天、14 天和 13 天,结合 T.seikai(1986)报道的 20 天(19.0 ℃),28 天(16.0 ℃)和 50 天(13.0 ℃)进行分析,变态速度呈现出随水温升高而加快的趋势,但其对变态的促进强度的增量,却随水温的升高而减小,大于 24.0 ℃的水温对变态速度的促进强度已趋近一致。因此,适宜的高水温可以促进牙鲆变态,且水温愈高,变态愈快,这与 Laurence(1975)报道的,美洲黄盖鲽 *Psendopleurones americanus* 的仔鱼高温变态耗时较短的结论是一致的。由于较高水温可诱导牙鲆甲状腺素的较早分泌与积累,并促进其生物活性,提高生物体的激素敏感性,而甲状腺素具有促进生物体新陈代谢和组织器官发生、分化及变态的生理活性,因而这种作用成为适宜高温促进牙鲆变态的内在原因。

表 4-3 不同水温条件下牙鲆变态期各阶段的全长(均值 ± 标准差)及日龄(刘立明,1996)

变态期		全长(mm)			
		日龄(d)			
		20.4 ℃	22.0 ℃	24.0 ℃	26.0 ℃
变态早期 I	A	5.77 ± 0.27	5.74 ± 0.29	5.74 ± 0.29	5.74 ± 0.29
		9～11	9～10	9～10	9～10

变态期		全长(mm)			
		日龄(d)			
		20.4 ℃	22.0 ℃	24.0 ℃	26.0 ℃
变态早期 I	B	6.27 ± 0.33	5.94 ± 0.19	5.86 ± 0.21	5.82 ± 0.24
		9～12	9～11	9～11	9～11
	C	6.61 ± 0.29	6.47 ± 0.20	6.09 ± 0.21	5.96 ± 0.21
		10～12	10～12	9～11	9～11
	D	6.89 ± 0.27	6.78 ± 0.27	6.43 ± 0.26	6.34 ± 0.20
		11～13	10～13	10～12	10～12
	E	7.23 ± 0.26	7.12 ± 0.25	6.98 ± 0.30	6.66 ± 0.22
		12～15	11～14	11～14	11～14
	F	7.86 ± 0.30	7.62 ± 0.21	7.55 ± 0.24	7.11 ± 0.16
		13～16	12～15	12～15	12～15
变态早期 II	G	8.57 ± 0.30	8.27 ± 0.36	8.19 ± 0.28	7.29 ± 0.19
		14～17	13～16	13～15	13～14
	H	9.17 ± 0.22	9.02 ± 0.29	8.80 ± 0.31	7.78 ± 0.20
		15～18	14～17	14～16	13～16
	I	9.88 ± 0.61	9.57 ± 0.49	9.40 ± 0.43	8.59 ± 0.48
		16～19	15～18	15～17	14～17
变态中期	J	11.19 ± 0.77	10.69 ± 0.66	10.14 ± 0.44	9.41 ± 0.59
		17～21	16～20	15～18	15～18
	K	12.47 ± 0.61	12.07 ± 0.79	11.41 ± 0.60	10.66 ± 0.72
		18～23	17～21	16～19	16～19
变态晚期 I	L	13.27 ± 0.66	13.12 ± 0.51	12.70 ± 0.67	11.92 ± 0.58
		20～25	19～21	17～20	17～20
	M	13.52 ± 0.60	13.38 ± 0.54	13.24 ± 0.54	12.42 ± 0.53
		22～27	20～24	19～22	19～22
变态晚期 II	N	15.41 ± 1.30	14.75 ± 0.98	14.20 ± 0.82	13.40 ± 0.82
		24～28	21～25	20～23	20～23

2. 仔稚鱼变态个体的大小

若按发育期统计各阶段的全长变化（表4-3，图4-6），可以得出，变态早～中期（A～K）的仔稚鱼生长较快，变态晚期 I（L～M）生长平缓，变态结束后的稚鱼（N）又恢复了生长，这与全长日生长的变化趋势是一致的，而且正是由于全长的各期增长趋势导致了全长的日增长规律。不同温度条件下，稚鱼变态结束时全长分别为 15.41 mm ± 1.30 mm（对照），14.75 mm ± 0.98 mm（22.0 ℃），14.20 mm ± 0.82 mm（24.0 ℃）和 13.40 mm ± 0.82 mm（26.0 ℃），同一发育阶段的鱼体，全长也表现为对照组 > 22.0 ℃组 > 24.0 ℃组 > 26.0 ℃组的趋势（刘立明，1996），因而较高水温对变态的促进作用强于对生长的促进作用，为此苗体呈现出较高水温下，变态后的个体相对偏小的现象，这与水温对黄盖鲽变态大小的影响是类似的。但与星斑川鲽 *Platichthys stellatus* 却明显不同，其变态后个体的大小受水温影响较小，这也许要归因于水温对不同鱼类的生长与分化作用程度的差异性。图4-6的另一明显特点是，苗体间的全长差异（标准差）自 I 期开始明显增大，这显然是 I 期开始的快速生长，加大了苗体间存在的生长速度的差异所致。

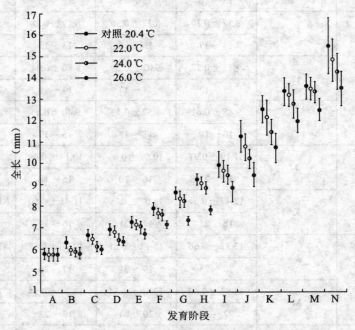

图4-6　不同水温条件下牙鲆变态期各阶段的全长变化（刘立明，1996）

（四）牙鲆在变态期的存活率

通过研究仔稚鱼在 20.4 ℃（对照）、22.0 ℃、24.0 ℃和 26.0 ℃水温条件下的存活率变化（图 4-7）可知，在 22.0 ℃和 24.0 ℃组实验开始的 1～2 天，及 26.0 ℃组在最初的 4 天内死亡率较高，这表明变态早期Ⅰ不适宜 22.0 ℃以上的高温，且水温愈高，仔鱼死亡愈加剧烈，持续时间则愈长。直到各组变态结束时的存活率分别为 88.2%（对照，26 天），87.2%（22.0 ℃，23 天），80.2%（24.0 ℃，22 天）和 60.2%（26.0 ℃，22 天），比较各组呈现出培育水温越高，其存活率愈低的趋势，即大于 24.0 ℃的水温会明显降低变态期鱼苗的存活率（刘立明，1996）。仔鱼在右眼开始移动（F～G）和伏底期（L～M）前后时，出现存活率明显降低的趋势。这是因为，此时恰逢仔鱼器官分化和变态极为剧烈的时期，特别是 F～G 期的仔鱼幽门垂开始分化，奇鳍鳍条开始出现和形成；而 L～M 期则为稚鱼的变态高峰时期，消化道也将伴随右眼转向左侧的同时发生扭曲，体弱的鱼苗将难以完成这种器官分化和新旧机能的转换而最终死亡。F～G 期仔鱼的致死水温为 26.0 ℃～28.0 ℃（死亡超过半数，下同），大于 22.0 ℃时便出现死亡；L～M 期稚鱼的致死水温则为 28.0 ℃～30.0 ℃，在 26.0 ℃以上出现死亡，该期对高温的耐受力明显高于前一阶段（表 4-4）。水温大于 26.0 ℃组死亡的 L～M 期稚鱼，均体色发黑，消化道呈空胃无食状态，身体向右侧卷曲（即无眼侧），有的悬浮于水中而死，这或许是由于过高的水温制约了仔鱼变态的进行，使仔鱼难以渡过变态高峰期而中止变态。因此，仔鱼变态早期的水温最高不应超过 22.0 ℃，伏底期水温最高不应高于 26.0 ℃，整个变态期的平均水温应以维持在 22.0 ℃以下为宜。

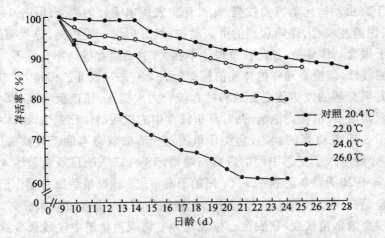

图 4-7　不同水温条件下牙鲆变态期的日存活率变化（刘立明，1996）

表 4-4　不同水温条件下牙鲆变态早期（F～G）和晚期（L～M）的存活率（刘立明，1996）

水温	存活率（%）	
	变态早期（F～G）	变态晚期（L～M）
对照（20.4 ℃）	100	100
22.0 ℃	96	100
24.0 ℃	94	100
26.0 ℃	86	96
28.0 ℃	48	88
30.0 ℃	—	20

（五）牙鲆变态期的摄食变化

1. 日摄食量变化

如图 4-8 所示，牙鲆摄食变化曲线，呈现为单一峰谷形状（刘立明，1996），9～20 天是其日摄食量的上升期，其中仔鱼在 9～13 天的变态早期 I 对卤虫幼体的日摄食量较少，基本处于 32～204 只／尾的较低水平；而在 14～17 天时摄食量出现较明显的跃升，达到 299～407 只／尾，此时仔鱼已进入变态早期 II。变态早期呈现这种摄食规律的原因在于：早期 I 平均全长 5.77 mm 的 A 期仔鱼，消化道刚刚回旋，上颌长 329 μm（280～400 μm），口径 465 μm（396～566 μm），而卤虫初孵幼体为 520～720 μm × 240～400 μm，因此，多数 A 期仔鱼刚刚能摄食卤虫幼体。70%仔鱼的消化道中出现了卤虫幼体，但饱食量仅有 3～6 只／尾。

由于卤虫幼体运动能力较强，此时仔鱼表现出明显的摄食动作：头部对准饵料后，快速前冲咬食，伴随猛烈的甩头动作，然后后退一段距离，寻找新的摄食目标。由于摄食动作复杂，加之仔鱼口径不够大，故而摄食成功率往往不高，日摄食量也相应较低，但摄食动作的体能消耗却较大。变态早期 II 的仔鱼，其口径、消化道容量乃至奇鳍的发达使之游泳和捕食能力大大提高，仔鱼摄食成功率较高，日摄食量明显增多，消化道饱满，此时仔鱼摄食中的甩头动作已消失，水体中的仔鱼不时处于 S 形或 Ω 形的状态，鱼类仔鱼的这一弯曲状态有助于其积极摄食。18天开始，牙鲆进入了变态中期的摄食高峰期，18～23 天的日摄食量达 417～627只／尾，其中 20 天稚鱼达到 627 只／尾的最高水平。该期稚鱼摄食动作已不明显，仅见到鱼苗在游动过程中口部的开合和轻微的前冲，摄食成功率极高。21 时时开始出现少量鱼苗伏底，伏底苗一律表现为空胃或消化道中仅残余少量饵料，此时稚鱼日摄食量伴随伏底的进程而持续降低，直到 24～27 天达到了牙鲆早期变态中的摄食低谷期,日摄食量维持在 242～272 只/尾的较低水平,此时正值变态的高峰期。28 天变态结束后,稚鱼消化道中又重新出现饵料,日摄食量呈现出明显的回升趋势,稚鱼的摄食方式已完全趋于成鱼型,即稚鱼头部微微翘起,眼睛盯住目标,迅速跃起咬食饵料后马上贴底或附壁,摄食动作已极为隐蔽和敏捷。综观变态期的日摄食量变化过程,牙鲆表现出变态早—中期摄食量逐渐上升,尤其在变态中期,即稚鱼伏底前大量摄食,而后摄食量下降,且在变态高峰期处于摄食低迷状态,变态结束后摄食量再度回升的摄食规律。

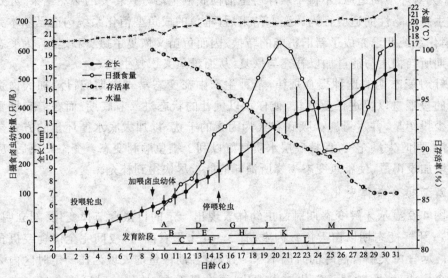

图 4-8　牙鲆变态期的日摄食量、生长和存活率变化(刘立明,1996)

　　牙鲆变态期的日摄食量变化与生长变化呈现明显的一致性(图 4-8),9～20 天的摄食上升期恰为仔稚鱼变态早—中期的生长加速期,自 21 天始的摄食下降期与变态晚期Ⅰ稚鱼的生长减速期相吻合,28 天稚鱼再度恢复摄食的过程则伴随着变态结束后生长的再度恢复。这种一致性归因于摄食变化与器官发育的统一性,仔鱼摄食上升的过程,恰为仔鱼鳍和消化道日臻发达的过程,尤为变态早期Ⅱ摄食的明显跃升与仔鱼幽门垂的分化和肠的加粗相吻合。可以认为,此时是仔鱼由变态早期Ⅰ以小型浮游生物(如轮虫)为主食转向变态早期Ⅱ以较大浮游生物(如卤虫幼体)为主食的食性类型转换的时期。据报道,日本海若狭湾海域的牙鲆仔鱼也是在此时发生食性转换,由主食桡足类幼体变为以尾虫类为主要食物,本结论与这一现象是一致的。同时本研究也提供了苗种生产中,在这一时期内进行饵料转换的理论依据。因此,仔鱼器官的发育,构成了其生长加速的物质基础。同样,仔鱼摄食的锐减时期正值消化道剧烈形态变化的时期,实验推测,在消化机能转换过程中,消化道可能存在暂时失去消化食物的能力,而造成苗体空胃率极高,此时变态和维持代谢所消耗的能量只能依靠前期稚鱼体内的积累,因而造成了生长中的停滞状态。同时,鱼苗静卧池底以减少额外能量消耗,确保变态的顺利完成。据 J.H.S.Blaxter(1971)报道,鲽和鳎在着底阶段也存在泳速的明显降低,这可能是比目鱼类在着底阶段所普遍具有的行为特征,是其在种的进化历史过程中,作为对环境的适应,不得不从浮游生活向底栖生活方式转变的必然结果,亦是一种生态策略性的适应行为。变态结束后,稚鱼的成鱼型消化系统构造已基本完善,消化系统业已完成了新旧机能的转换,因而鱼苗又恢复了摄食和运动,为变态高峰期所耗物质与能量加以补充与恢复,从而稚鱼又恢复生长。

针对变态期的这种摄食规律,苗种生产中在变态早—中期应日渐加大卤虫幼体的投喂量以促进仔鱼增长,使仔鱼以健壮的状态进入着底期,而在着底期则应减少投饵量,并尽量减少吸底和人为因素的干扰,以加大底水循环量的方式排除底污,同时大量充气,保持底层水质良好以利于稚鱼顺利变态。变态结束后,应逐渐增加投饵量,使稚鱼变态高峰所消耗的能量尽快得到补充。

2. 日摄食节律变化

图 4-9 显示牙鲆变态期对卤虫幼体表现出一定的日摄食节律变化(刘立明,1996):牙鲆变态期以白天摄食为主,有 3～4 个摄食高峰,夜间完全停食或摄食很少。尽管白天摄食高峰的时区不尽一致,但各期仔鱼均表现为在一定时区内大量吞食卤虫幼体,贮存于消化道内消化,再大量吞食、消化的时区摄食量由高→低→高相间排列的摄食节律。由于牙鲆仔鱼主要依靠视觉摄食,且需要一定的光照,一般 18～25 lx 是其表现出摄食行为的最低限光强。结果表明,本实验在夜间辅以 200～300 lx 的光照,可以相对延长仔稚鱼的摄食时间,其中 17 天仔鱼在深夜 0～2 点还出现一次摄食高峰,30 天变态后稚鱼甚至全天均有摄食行为。但是,由于夜间摄食很少,致使各期仔鱼均在凌晨 4:00 左右开始出现一次明显的摄食行为,这可确认,经过一夜的饥饿,鱼苗需要通过大量摄食以补充夜间体内的消耗,行为观察也表明,此时鱼苗摄食活动极为活跃。因此,牙鲆仔稚鱼在人工养殖条件下的日摄食节律与自然海域中"白天摄食量大,夜间逐渐降低,一个摄食高峰在日出后几个小时,下午有 1～2 个高峰"的结果基本一致。

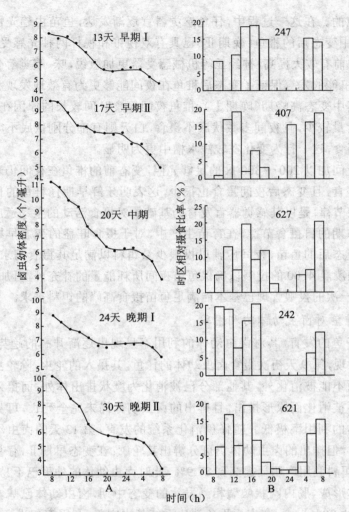

图 4-9 牙鲆变态期的日摄食量节律变化(刘立明,1996)

A:水体中卤虫幼体密度的日变化

B:各时区相对摄食比率的日变化(数字示尾均日摄食卤虫幼体个数)

纵观各亚期的日摄食节律,早期Ⅰ有 6 个时区相对摄食比率大于 10%,夜间停食 8 小时;早期Ⅱ 5 个时区大于 10%,夜间停食 6 小时;中期 4 个时区大于 10%,夜间停食 4 小时;晚期Ⅰ 5 个时区大于 10%,夜间停食 10 小时;晚期Ⅱ 4 个时区大于 10%,全天摄食。可见各亚期的昼夜间摄食节律性总体呈现出逐渐减弱,且夜间停食时间逐渐缩短的趋势,只有变态晚期Ⅰ出现昼夜节律性的增强和夜间停食时间的延长。究其原因,这与牙鲆早期阶段由浮游→底栖的生态习性的变化过程是相适应的。在这一过程中，仔鱼感觉器官逐渐发达，鱼苗由趋光性逐渐变为避光性，其中变态后的稚鱼（晚期Ⅱ）已具有双视锥和视杆两种光感受细胞，视觉机能较变态前有较大提高，神经丘等机械感受器更加敏锐，味、嗅觉等化感器也较发达，感觉机能的发育保证了变态后稚鱼在夜间能够更为有效地发现和捕获饵料生物。而其中变态高峰期（晚期Ⅰ），稚鱼夜间停食时间较长的原因在于，此时鱼苗日总摄食量较少，且夜间多数伏底不摄食，白天则有部分刚伏底不牢的仔鱼浮到中上层摄食，这一行为变化在较浅水槽中更为明显。

若在夜间加以 $200 \sim 300$ lx 的足够光照，变态前的稚鱼在夜间仍表现出相当长时间的停食，且变态后夜间摄食也很少，这表明牙鲆早期仔稚鱼的日摄食节律是一种内源节律，是以其感觉器官发育为基础的对摄食活动的主动适应行为。根据牙鲆变态期的日摄食节律，在育苗生产中，对于摄食旺盛的变态早期Ⅱ和变态中期以及变态后的鱼苗，夜间应辅以投喂少量饵料以满足其摄食需求，白天中除应注意加强凌晨 4:00 的投喂以确保鱼苗夜间所耗能量的补充外，再加上上午、下午、傍晚各一次的投喂管理已基本能满足鱼苗摄食高峰的饵料需求。

3. 仔稚鱼对卤虫幼体的利用率

随着仔鱼的发育，其对卤虫幼体的利用率呈现出逐渐升高的趋势（表 4-5）。通过观察发现，第 9 天初次摄食卤虫幼体的仔鱼，其摄入的轮虫，除轮虫卵因其坚韧的外壳而不能被消化外，其他部分已被消化为糜状排出体外；而摄入的卤虫幼体却基本不被消化而原形排出，且排出的卤虫幼体尚未完全死亡，可见此时仔鱼对卤虫幼体的利用率极低。随仔鱼消化系统的发育，第 13 天的卤虫幼体利用率已达 71.6%，但排出的卤虫幼体仍可分辨出其轮廓；在变态早期Ⅱ，仔鱼幽门垂开始分化时，饵料利用率明显提高到 87.9%，此时卤虫幼体的外形已不易分辨；及至幽门垂基本形成、肠内网状皱襞相当发达的变态中期，卤虫幼体已基本呈糜状排出，利用率达 90% 以上；变态后稚鱼消化系统基本完善，利用率相当高，达 95% 以上，摄入的卤虫幼体先在胃中大量贮存，经软化后输入肠中消化吸收。

表 4-5 牙鲆变态期各阶段对卤虫幼体的利用率（刘立明，1996）

	变态早期Ⅰ	变态早期Ⅱ				变态中期			变态晚期Ⅰ					变态晚期Ⅱ		
日龄（d）	13	15	16	17	18	19	20	21	22	23	24	25	26	27	28	29
利用率（%）	71.6	84.2	88.2	90.5	88.5	89.8	94.2	92.7	95.6	90.5	—	91	92.9	95.4	94	96.9

	变态早期Ⅰ	变态早期Ⅱ	变态中期	变态晚期Ⅰ	变态晚期Ⅱ
平均（%）	71.6	87.9	92.2	92.5	95.4

因此，在苗种生产中，变态早期Ⅰ应以轮虫投喂为主，辅助投喂少量卤虫幼体，以免大量未被消化的卤虫幼体污染水质。变态早期Ⅱ以后则应日渐加强卤虫幼体的投喂以确保鱼苗的生长发育需求。

第二节　牙鲆人工育苗

一、亲鱼选育

（一）亲鱼的来源

亲鱼有天然亲鱼和人工养殖亲鱼两种。

1. 天然亲鱼

在牙鲆产卵季节前后（黄渤海4～6月份）从自然海区捕捞性腺发育至Ⅳ期的野生亲鱼运至室内暂养，或者在产卵盛期捕捞性腺发育至Ⅴ期的成熟亲鱼直接作现场人工授精。也可以将其他季节捕获的天然野生亲鱼经驯化饲养作为育苗用亲鱼，如：可在秋末10月份以后，在天然野生亲鱼离开沿岸水域向深水区越冬洄游时捕获，第2年以后作为产卵用亲鱼。

天然亲鱼的优点是：来源于天然野生种群，种质丰富、优良，尤其在人工条件下繁殖的子一代更具优性状。缺点是：捕捞天然亲鱼极易受自然环境左右和自然资源量的限制，且亲鱼在捕捞过程中极易受伤，死亡率高，利用率低，还会由于拒食造成性腺退化。总之，单纯使用天然亲鱼，获卵量少，卵质不能保证（孵化率、受精率低），难以稳定获得大量的优质受精卵。

2. 人工养殖亲鱼

目前国内外大部分单位多采用人工养殖亲鱼。人工养殖亲鱼的优点是：亲鱼利用率高，采卵稳定（数量多、质量好），并可控制产卵时间（通过控温、控光可改变亲鱼产卵季节）。缺点是：人工养殖亲鱼存在种质问题，须防止因连续使用人工养殖亲鱼造成近亲交配，而引起隐性基因在后代个体中表达和种质退化。因此，目前多采用在使用人工养殖亲鱼的基础上，定期地淘汰部分高龄亲鱼，并补充一些野生亲鱼,以丰富亲鱼群体的种质多样性。

获得人工养殖亲鱼有两种方法:

(1)从苗种期(5 cm 以上)培育,在产卵盛期挑选受精率高、孵化率高的同一批卵孵化出的仔鱼。要求生长发育好、整齐、色泽正常、无黑化、无白化、无畸形的个体进行单独培育,培育 2～3 年挑选出生长快、个体大、无异常的个体作为亲鱼。

(2)由同期孵化培育的苗种所养成的商品鱼中(一般为养殖 1 年以上的个体)挑选出生长快、个体大、体型体色正常的个体单独培育到性成熟作为亲鱼。

(二)亲鱼的选择

1. 质量

亲鱼要挑选体表无损伤、摄食良好、生长快、体质健壮的个体。天然亲鱼要特别注意鱼体受伤情况,因此,以选择定置网具捕捞的鱼为佳,底拖网、钓钩、流刺网等渔具采捕的鱼损伤较多。人工养殖亲鱼应特别注意剔除白化、黑化、畸形(脊柱骨融合、鳃盖外缘内翻、外翘)及患病个体,且从选择苗种时即应注意。

2. 规格

雌鱼要求天然亲鱼 3～4 龄以上,全长 40～80 cm,体重 1.6～7.0 kg;人工亲鱼 3 龄以上,全长 30～68 cm,体重 0.9～5.1 kg。雄鱼要求天然亲鱼 3 龄以上,全长大于 35 cm,体重大于 1.2 kg;人工亲鱼 2 龄以上,全长大于 30 cm,体重大于 0.6 kg。人工亲鱼可较天然亲鱼提前一年使用,且天然亲鱼最好 5～6 龄,人工亲鱼最好 4～5 龄。

3. 雌雄性比及雌雄区别

(1)雌雄性比以 1:1.5～1:3 为好,雄性较多。因为牙鲆雄鱼成熟较早,精子排放结束也早,雄鱼较多可以确保雌鱼多次产卵时,特别在产卵后期有充足的精液供应;同时,可通过雄鱼追逐雌鱼诱导其产卵,防止卵子在雌鱼体内滞留时间过长而过熟。

(2)雌雄区别为:雌鱼成熟时腹部隆起明显,卵巢呈三角形戟状隆起,左右两卵巢明显而对称,并联开口于生殖孔,生殖孔圆形红润,位于无眼侧,成熟时轻压腹部可挤出卵。雄鱼腹部呈弧状或扁平状稍隆起,精巢细长,两叶,开口于生殖孔,生殖孔细长不红润,位于有眼侧,成熟时轻压腹部可挤出白色精液。

(三)亲鱼的培育

选择性腺发育到Ⅳ期的天然亲鱼或人工养殖亲鱼,均需经过亲鱼的强化培育阶段,以促进性腺成熟。

1. 培育池

培育池(图4-10)大小与结构见第二章。由于牙鲆喜欢较黑暗的环境,池上需加黑网遮盖,以控制光照,防止藻类大量繁殖,使鱼保持安静,并防止亲鱼跃出池外。

图4-10 牙鲆池养亲鱼

2. 放养密度

放养密度 0.8～5.8 尾／平方米均可,以 1～2 尾／平方米为佳,按体重计为 5～15 kg/m²。

3. 水环境及其管理

亲鱼培育水温以 8 ℃～25 ℃为宜,产卵时 14 ℃～16 ℃最适合;光照为 1 000～5 000 lx,可池顶遮光 70%～90%并保持安静;盐度为 28～35;pH 为 7.7～8.6;DO 为 6～10 mg/L。亲鱼培育用水多用砂滤水,每天及时清除池底残饵、污物以保持清洁,换水率为 5～12 个循环／天,并保持连续、中量的充气。

4. 投饵

(1)野生亲鱼的饵料驯化。养殖的亲鱼可以很自然地摄取人工投喂的饵料,而从自然海区捕获的天然野生牙鲆亲鱼入池后,很难摄食,甚至长时间拒食而导致性腺退化,进而饥饿、消瘦、衰竭而死。这也是驯养牙鲆天然野生亲鱼利用率、成活率很低的主要原因。产卵盛期捕获的成熟亲鱼,不摄食对产卵影响不大,若亲鱼捕捞时间较早,性腺发育尚不成熟,则应尽早设法使之摄食。通过多年来的实践经验,可采取以下方法,使之尽快摄食。

① 入池 1～2 天可不投喂任何饵料,以后每日上午和傍晚投喂活的游动比较慢的中底层饵料鱼,全长 10～15 cm,约为亲鱼全长 1/3,以引诱亲鱼摄食。

② 将大小合适、新鲜或冷冻鲜度好的饵料鱼用线从鳃外穿进系住,用手抓住线的另一端在亲鱼头上方晃动以模拟活鱼,每日几次,小心操作,不能有惊动,来诱导亲鱼摄食。诱导时间有长有短,有时会长达 1～2 个月。如发现亲鱼有摄食行动或已开始摄食吊线上的饵料鱼,要再继续诱驯几天,以后每日就可定时投喂。

③ 用长柄的小捞网在亲鱼头上方反复捞起、抛下饵料鱼,或用流水使饵料鱼在水中慢慢活动来诱食亲鱼,或将鱼块直接送到亲鱼口边,待其张口时,将鱼块塞入口中。

④ 通过与已开始摄食的鱼或由人工苗种培育的亲鱼放在一起饲养,诱导其

摄食。

一般经1~2个月驯化,亲鱼便能摄食,再经越冬后第2年大多数可以用于人工繁殖。

(2)投饵量。日投喂量按鱼体重的1%~3%,每日投喂1~2次。

(3)饵料选择。亲鱼的饵料主要是鲜活的或冷冻的杂鱼,如鰕虎鱼、玉筋鱼、沙丁鱼、鲐鱼、竹筴鱼、青鳞鱼 Harengula zunasi、黄鲫 Setipinna taty、黄姑鱼、白姑鱼 Argyrosomus argentatus、小黄鱼 Pseudosciaena polyactis 等。大鱼可切成大小适口的肉块,小鱼可整条投喂。不能长时间投喂单一饵料,要不同种饵料交替投喂,同时按投饵量的1%添加营养剂(维生素B、C、E及鱼油、卵磷脂等)(表4-6)。可将营养剂用面粉调成糊状,填到饵料鱼口中,或在饵料鱼口中加入枪乌贼、鱼子、杂虾等,再将饵料鱼投喂给亲鱼吃。亲鱼也可投喂配合饵料,其中也需加营养剂。

表4-6 饲养牙鲆亲鱼所用营养剂的成分(每千克营养剂所含各成分量;谢忠明,1999)

营养剂名称	营养剂含量(g/kg 营养剂)	备注
维生素 E	5.0	饲料添加物等物质
维生素 C	36.0	
维生素 B_1	10.0	小麦谷蛋白
维生素 B_2	0.8	小麦淀粉
维生素 B_6	1.0	乳化糖
D-泛酸钙	1.8	
叶酸	0.12	乳化油

二、采卵

(一)采卵方式

1. 天然野生亲鱼人工采卵授精

对于性腺发育到V期的天然亲鱼可以直接挤卵人工授精。具体操作为:先擦干亲鱼体表上多余的水和黏液,以5%的酒精海水溶液擦拭鱼体生殖孔周围和鱼体腹部。由一个人将亲鱼轻放于光滑干净的平台上挤卵(或精液),另一个人持容器接卵(或精液),然后进行人工授精。人工授精可采用干法、湿法或半干法(见第二章)。人工授精后,将受精卵放置5~10分钟,再将受精卵倒入80目筛绢网中,用等温的洁净砂滤海水,洗去多余的精液和污物,重复2~3次,将滤出的受精卵放入盛有干净海水的浮选容器内,静置半小时,虹吸出下沉的死卵后,上层好卵可布池孵化或装袋运输。

人工授精应注意:

(1)人工授精操作时不宜在阳光直射下进行。

(2)牙鲆挤卵时需从腹部后面向前挤压。

(3)受精后的卵子不宜过分震荡,以免卵膜破裂或出现异常的卵裂。

2. 天然野生亲鱼注射激素人工催产获卵

对在产卵期捕获的腹部虽膨大,但卵尚未完全成熟或是处在产卵期,但尚看不出即将产卵的雌亲鱼,为防止性腺退化,可人工催产。可注射绒毛膜促性腺激素(HCG)500～1 000 IU/kg鱼体重或注射促黄体素释放激素类似物(LRH-A)10～200 μg/kg鱼体重,或两种催产剂混合使用,也可用脑垂体2～3个/千克鱼体重,对雄鱼可用HCG 100～250 IU/kg鱼体重。一般注射后1～2天即可进行采卵。注射时,采取肌肉注射或腹腔注射。一般是在亲鱼胸鳍基部内、外侧进行肌肉注射或腹腔注射。雌鱼一般分两次注射。第一次注射全剂量的1/10,经8～12小时再将其余部分注入,有的个体在第二次注射后几小时即可排卵。雄鱼可一次注射,一般是在雌鱼第二次注射时进行,注射激素后有的个体会自然产卵,但多数仍需进行人工授精。

3. 驯养的天然野生亲鱼和人工养成亲鱼自然产卵

这是目前获取受精卵的最主要的方式。当年从海上捕获的天然野生亲鱼,经驯养(全年都在陆上水池饲养,一般至少饲养1年以上),经过度夏和越冬能够存活下来的一般都能在第2年春季的产卵季节自然产卵、受精。而由人工培育的苗种在陆上水池经2～3年培育性成熟后,在产卵季节也都能自然产卵、受精。而且通过控制水温和光照时间、强化营养等措施,还可以使之有计划地提早自然产卵,满足生产苗种要求。

(1)产卵。亲鱼的自然产卵是在亲鱼培育产卵池中进行的,当性成熟的亲鱼发情时,雄鱼追逐雌鱼,绕池环游,诱导雌鱼产卵,自然产出的卵受精后漂浮于水面。亲鱼的自然产卵时间大都在夜间,其中0～3时最活跃,3～6时次之,12～16时再次,70%左右是在0～6时这段时间产卵的。陆上水池培育的亲鱼,自然产卵起始水温为10.2 ℃～11.7 ℃,产卵期的水温一般为11 ℃～23 ℃。产卵盛期的水温为13 ℃～17 ℃,最高峰期14 ℃～16 ℃。自然产卵水温要控制在12 ℃以上,22 ℃以下。最适产卵水温应控制在14 ℃～16 ℃。产卵池水的盐度要在19以上。如果产卵池水的盐度在19以下时,受精卵会下沉。亲鱼在产卵前或在产卵期间,不要移动或受到惊动。否则不但会影响其产卵,而且产出的卵质量差(有的形成卵块)、不受精。亲鱼有时会因人影、噪声、振动而停止摄饵和产卵。所以亲鱼在产卵期要求周围暗光环境,并保持安静。

(2)集卵。产卵期间,可在亲鱼培育产卵池内采取溢流排水法集卵。溢流排水时,池水连同上浮的卵被旋流到池中央,由集卵管导入集卵池(槽)。集卵槽内放置 60～80 目筛绢网制成的网箱,面积略小于集卵槽,高略高于集卵槽。牙鲆初期产的异常卵比较多,而且产卵量少。所以集卵最好是在产卵开始 5～7 天后,在受精率、孵化率高的产卵盛期集卵。根据亲鱼的产卵情况和集卵网箱中卵的数量,每日定时收集集卵网箱中的受精卵。一般每日早晨 7 时左右收集 1 次,或是在傍晚 4 时再收集 1 次。需要注意的是:流入集卵网箱中的水流不宜过大,否则由于受精卵长时间在集卵网箱中被水冲击、搅动,易造成胚胎发育异常。收集方法是用 80 目筛绢的抄网捞取集卵网箱中上浮的卵,然后放入小型浮选水槽中,用 15～20 目的纱窗网滤去亲鱼粪便等杂质,静置半小时后,吸除下沉的死卵,再用 80 目的捞网收集好卵,用砂滤海水冲洗干净,沥水后称重计数(牙鲆卵1 300～1 600 粒/克),或置于 2 000 mL 大量筒中量卵子体积计数(牙鲆卵1 200 粒/毫升)。计数后的受精卵可布池孵化或装袋运输。

(二)受精卵的运输

受精卵可采用塑料袋充氧密封运输。可在无毒聚乙烯塑料袋(50 cm×70 cm)中装入其容积 60%～70% 的经沙滤的洁净海水(盐度在 19 以上,水温和产卵池水温相同),如装海水 15 L,可放受精卵15 万～30 万粒。也可用 20 L 的聚乙烯塑料袋装水 8～10 L,放卵 10 万～20 万粒。充氧后扎好口,放入泡沫塑料箱中。塑料袋周围放一些冰块或降温材料,将箱封好后用飞机或冷藏车运输,水温以11 ℃～17 ℃为宜。采用这种方法,当天的卵运输 15～20 小时没有什么问题。如果是产后 1～2 天的卵,运输途中易死亡,而且孵化出的仔鱼出现畸形的比例也比较高。到达目的地后,应测好孵化池(槽)水与袋中水的温差,温差小于 1 ℃～2 ℃时方可直接入池,否则需在池水中逐渐过渡到池水的温度方可开包放卵入池,受精卵入池后需静置 20～30 分钟,吸出下沉的死卵,开始孵化。

三、孵化

(一)受精卵的消毒

受精卵孵化前需消毒,以除去卵表面附生的细菌、霉菌、病毒等。一般用

$25×10^{-6}$～$50×10^{-6}$的聚乙烯吡咯烷酮碘(PVP-I)浸泡 10～15 分钟,然后洗净即可。

(二)孵化设施

可用 0.5～8 m³ 的玻璃钢水槽,或在 50～100 m³ 甚至 200 m³ 的大型水泥池内吊挂 0.5～1 m³ 网箱,或直接在水泥池中孵化。

(三)孵化密度

在微流水(20 L/min)、微充气(微波)情况下,0.5～1 m³ 水槽,一般放散气石 1 个,进行高密度孵化,可放卵 30 万～60 万粒;5～10 m³ 水泥池,放卵 4 万～8 万粒/立方米;20～50 m³ 水泥池,放卵 1.5 万～4 万粒/立方米;50 m³ 以上的大型水泥池,一般放卵 1 万粒/立方米。

(四)孵化条件与管理

1. 孵化条件

(1)水温:可进行孵化的水温为 10 ℃～24 ℃。孵化适温为 13 ℃～19 ℃。随水温升高,孵化时间缩短。最适孵化水温为 15 ℃左右。高于 22 ℃或低于 11 ℃,孵化率低,畸形率高(表 4-7)。

表 4-7　水温与孵化时间、孵化率的关系(盐度 29;刘立明,2006)

水温(℃)	14～16.1	18	20	22
孵化时间(小时)	63.5	59	51	45.2
孵化率(%)	90	74	70	57

(2)盐度:孵化用水的盐度为 28～33。在此盐度范围内,随着盐度升高,孵化率升高,孵化时间缩短(表 4-8)。盐度最好不要大于 33 或小于 19(卵子会下沉)。

表 4-8　盐度与孵化时间、孵化率的关系(水温 16 ℃;刘立明,2006)

盐度(‰)	28	30	33
孵化时间(小时)	49.5	47.5	45.2
孵化率(%)	75	80	96

(3)pH:要求在 7.7～8.6。

(4)溶解氧:要求达 6～9 mg/L 以上。

(5)遮光:孵化水槽上方要遮光,防止太阳光直射。

2. 孵化管理

（1）孵化用水为经砂滤的洁净海水，有条件的可用紫外线消毒。微流水、微充气，也可静水微充气孵化。

（2）孵化期间每日要清除（虹吸）出下沉的死卵和脏物。也可每隔 3～4 小时停气吸底 1 次，共吸底 2～3 次，然后计数直接入育苗池孵化。

（3）每日记录水温变化，保持水温稳定。经常在解剖镜下观察记录受精卵胚胎发育状况。

（五）初孵仔鱼的收集和计数

在专用孵化容器中孵出的仔鱼需要计数并收集，在育苗池中孵化的则不必。可用 100～1 000 mL 的烧杯随机取样 3～5 次，计算出其中仔鱼数，求出平均值，推算出孵化仔鱼数。收集仔鱼时，可用勺子将表层仔鱼小心舀出，再用换水器降低水位，将剩下的仔鱼全部舀出，必须带水移动仔鱼，切不可网捞。

四、前期培育

将牙鲆由 2.3 mm 的初孵仔鱼培育到 13～15 mm 的变态伏底稚鱼的过程，约需 30 天。

（一）饲育方式与密度调整

1. 小水体高密度疏苗培育

培育水池（槽）水体 10 m³ 左右，水深 1 m 左右，圆形、八角形、方形或长方形。在培育过程中根据仔、稚鱼的生长进行几次疏苗分池培育。开始培育密度可在 7 万～10 万尾/立方米；开口后分池密度调整为 5 万～6 万尾/立方米；培育到 20 天左右（变态前）再次分池，密度调整为 3 万～4 万尾/立方米；培育到 30 天左右，密度调整为 1 万～1.5 万尾/立方米；到变态结束完全营底栖生活后密度调整为 0.7 万～1 万尾/立方米。

2. 在同一水池从孵化仔鱼连续培育到 25～30 mm

用 20 m³ 以上的大型水池，以 40～50 m³ 水泥池为好，水深 1 m 左右，以圆形、八角形为好。投放仔鱼密度为 1 万～3 万尾/立方米，但一般以 1.5 万～2 万尾/立方米为宜。

（二）饲育环境与管理

1. 环境要求

（1）培育用水：一般用经二级砂滤的洁净海水。最好经紫外线消毒。

（2）培育水温：培育水温为 15 ℃～22 ℃，一般控制在 17 ℃～20 ℃，最好为 18 ℃～19 ℃。一般不宜低于 17 ℃，否则仔鱼生长太慢。可以孵化后第二天开始升温，每天升温 1 ℃，升至培育温度后保持。

（3）盐度：一般适宜的盐度为 27～35。

（4）溶解氧：要求在 6～9 mg/L。

（5）pH：适宜 pH 为 7.7～8.6，最适 pH 为 7.8～8.2。

（6）光照强度：适宜光照度为 500～2 000 lx。夜晚池底光照应大于 50 lx。

2. 培育管理

（1）添换水。最初 15 天采用每日添换水的静水培育法。仔鱼布池时，先加入满池量 60% 的池水，1～2 日龄，每日添水 20%，第 2 日即加满池水；第 3 日龄开始换水，3～5 日龄，每日换水 20%；6～7 日龄，每日换水 30%～40%；8～12 日龄，每日换水 50%～60%；13～15 日龄，每日换水 60%～80%；16 日龄开始流水培育，且随着仔鱼的生长而逐渐加大流水量；16～18 日龄，日流水 1 个量程；19～25 日龄，日流水 1.5 个量程；26～30 日龄，日流水 1.5～2 个量程；31～40 日龄，日流水 2～3 个量程。流水时期及换水量应根据仔鱼的游泳能力、饵料生物的流失、水温及水质状况来决定。换水方法是：可采用网箱虹吸排换水和中央排水管相结合的换水方式。

网箱网目大小：一般 3～13 日龄用 100～80 目网，13～24 日龄换成 60～40 目；24～30 日龄 20 目。流水时可将相应网目的网袋套于中央排水管上，并注意经常更换刷洗。为了防止仔鱼因误吞水中的微小气泡堵塞消化道而死亡，可在注水管口下悬挂一个小网箱，以减少微小气泡的产生并可降低进水流速。另外排水流量（速度）不宜太大，尤其是 3～10 日龄仔鱼，容易贴在排水管网罩上或贴在换水网箱上而死亡。用网箱虹吸换水时，要经常搅动网箱内的水来防止仔鱼贴在网箱上。

（2）充气。开始采取微充气，随着仔鱼生长，充气量可逐渐增大。一般按 0.5～2 m^2 水放置散气石 1 个，大型水池一般 2～5 m^2 放置散气石 1 个。

（3）添加小球藻。从 1～20 日龄，每日向培育池中添加一定量的小球藻，使水体中小球藻的浓度维持在 20 万～400 万细胞/毫升，最好在 50 万～100 万细胞/毫升。添加小球藻可以净化水质、保持池中轮虫、调节水中光线，通常称之为"绿水培育工艺"。

（4）调节光照。光照太强，尤其是在直射光下，仔鱼会变得很虚弱，而且池底易繁生藻类。且增施小球藻期间会使溶解氧过饱和，引起仔鱼气泡病和 pH 急剧上升。但光线也不可太低，如果光照度低于 20 lx，稚鱼虽然会完成变态，但黑色素细胞异常发达，俗称"黑苗"，"黑苗"在变态结束后 10 天之内会全部死亡，在临近变态时，要有一定的照度，而且光线太暗也会影响管理作业。白天可用遮光帘调光，夜晚可在池上方按灯，使底层光强大于 50 lx。

（5）池底吸污。一般第 8～9 日龄首次吸底，以后每隔 1～2 天吸污清扫池底 1 次。投喂配饵后，需每日 1～2 次。吸污方法是：首先停水、停气，在排水沟放一水槽，水槽内放一小网箱，用吸污器将污物虹吸到小网箱中，吸出的健康仔稚鱼则需放回培育池。池底吸污对于饲育环境的净化、鱼苗的防病是很重要的，而且可以掌握仔稚鱼的死亡状况。

（三）饵料及投喂

1. 饵料系列

传统的饵料系列为轮虫、卤虫幼体、卤虫成体、天然桡足类、鱼肉糜等，现在一般都简化为轮虫、卤虫幼体、配合饵料。

2. 投喂方法

（1）轮虫。轮虫是牙鲆育苗不可或缺的生物饵料，因为仔鱼开口初期消化器官发育尚不完善，轮虫所含的胶体蛋白是他们的理想饵料。仔鱼在孵化后 4～5 天开口，但一般在孵化后 3～4 天开始投喂轮虫。每日投喂 1～2 次，早晚各 1 次，使水体中轮虫密度维持在 5～10 个／毫升，下次投喂前水体中轮虫为 2～3 个／毫升。轮虫投喂一直投喂到孵化后 20 天左右，也有的投喂到 28～32 天。投喂轮虫的同时，向池中添加小球藻。

（2）卤虫幼体。从 13 日龄（全长 6 mm）以后，每日投喂 1～2 次卤虫无节幼体。投喂量可按 0.4～7 个／毫升池水，一般应保持下次投喂前水体中残饵量很少（0.1～0.2 个／毫升）。卤虫幼体可投喂到孵化后 40 天。因为水中轮虫和卤虫幼体同时存在时，仔鱼趋向于摄食卤虫幼体为主，而致消化不良，故一定要在投喂轮虫至少半小时后方可投喂卤虫幼体，先让鱼苗充分摄食轮虫。

（3）配合饵料。一般从 16 日龄（全长 7 mm）开始投喂海水鱼苗种生产用配合饲料。投喂配合饲料不应过早或过晚，投喂过早，仔鱼个体小，体质弱，难以接受；过晚则仔鱼识别饵料的能力增强，易形成活饵料依赖，难以转化配合饵料，白化率提高。投喂配合饲料应按照适量投喂、少量多次、耐心驯化的原则。开始两天，每日投喂 1～2 次，每万尾仔鱼投喂 0.5～1 g。投喂时要少量仔细，以驯化其摄食为目的，细心操作，使仔鱼逐渐适应，确认摄食后，应逐渐加大投喂量，调整投喂次数,日投喂次数一般为 12～14 次。投喂可安排在投喂生物饵料的间隙进行,每 1～1.5 小时投喂 1 次,池中有生物饵料时,应不投或晚投配饵。如果一开始就大量投喂配合饵料,有时会造成仔鱼消化不良。配合饲料的粒径一定要适合仔稚鱼的口径,根据生长不同阶段,更换成粒径大小适宜的饵料。且应不同粒径的饵料交叉投喂。一般 16～28 日龄(全长为 7～15 mm),投喂粒径为 250 μm;24～32 日龄(全长为 13～18 mm),投喂粒径为 250～480 μm;30～41 日龄(全长为 16～20 mm),投喂粒径为 420～740 μm。

(4)生物饵料的营养强化。若长期单独投喂轮虫、卤虫幼体,会因 ω3 高度不饱和脂肪酸和维生素的缺乏造成鱼苗体弱多病,色素异常(如白化等),死亡率升高。为了提高仔鱼的活力,防止体色和形态异常,培育健全苗种,轮虫、卤虫幼体在投喂前需要进行营养强化。轮虫使用 2 000 万～3 000 万细胞／毫升的小球藻液,再加入轮虫专用强化剂进行充气强化,强化密度一般为 3 亿～10 亿轮虫／立方米水体,卤虫则使用卤虫专用强化剂充气强化,强化密度为 1 亿～3 亿卤虫／立方米水体,强化剂的使用可参照产品说明书。

(四)仔稚鱼的计数

在育苗过程中,为了方便管理,较为准确地计算投饵量,需计算池中仔稚鱼的存池数量。浮游期内的仔稚鱼,可用容积法计数。计数时可用内径为 50 mm、长为 1 000～1 200 mm、底端安装阀门的塑料管状取样器。在夜间无光条件下,等池中仔鱼分布均匀后,将取样器垂直插入培育水体内直到池底,关上阀门,取出水及鱼苗倒入水桶中,一般每池设取样点 8～10 个,计量取出水的体积及仔、稚鱼数量,然后推算出培育池内的鱼苗数量。变态着底后的稚鱼,计数较困难,一般用面积法靠目测计数。一次目测 100 cm^2,每池测点 8～10 个,然后推算各池的鱼苗数量。

五、后期培育

后期培育是指鱼苗从开始营底栖生活的全长 15 mm 至全长 50 mm 的培育过程。

(一)饲育水池

一般是将前期培育池仔稚鱼进行分池到后期培育池中进行培育,留一部分仍在前期培育池中。后期培育池的形状、深度、结构等可与前期培育池相同,面积应大一些,20～50 m^2 或 100～200 m^2。由于稚鱼已开始营底栖生活,所以池底一定要平坦光滑。

（二）饲育方式

1. 池内直接培育

在中小型水池中直接放养稚鱼培育。此法清扫池底、吸污方便，但分池比较麻烦。

2. 在大中型池内安放网箱培育

有两种网箱培育形式：一种是按池的大小制定紧贴池底和池壁的网箱；另一种是和池壁、池底有一定距离的浮在池水中的网箱。网目应根据稚鱼的大小及时更换，以不使稚鱼钻出为准。第一种方法的优点是能充分利用水体，减少饵料的流失，残饵和污物可因稚鱼的活动被搅起随水流排出，但池底一旦积存污物就难以清扫吸出；第二种方法的优点在于可使稚鱼和沉淀的污物分开，便于冲洗池底，但水体利用率差，浪费饵料。总之，用网箱培育，优点是利于分池和苗种出池，但缺点是换网和洗刷网箱较麻烦。

（三）饲育密度

饲育密度要根据水温、水质、流换水能力、饵料种类、设施状况、水池的大小和形状等综合考虑。鱼重一般不要超过 $2\,kg/m^3$。若水温低、流换水率高、投喂活卤虫成体、桡足类、配合饲料或湿型颗粒料等，饲育密度可稍大些。若流换水率低、水温高、投喂鱼肉糜，则密度要低。饲育密度大致为：全长 16～19 mm，0.5 万～0.6 万尾/平方米；20～25 mm，0.2 万～0.4 万尾/平方米；25～30 mm，0.15 万～0.3 万尾；35～40 mm，0.1 万～0.2 万尾/平方米；45～50 mm，600～1 200 尾/平方米。

（四）饲育环境与管理

1. 饲育环境

培育用水仍为砂滤海水。水温应在 18 ℃～25 ℃，低于 13 ℃效果不佳，最低也要在 14 ℃以上。变态后的稚鱼不耐 10 ℃以下的低温，但对 20 ℃以上的高温适应能力很强。盐度、溶解氧、pH、光照等与前期培育基本相同。

2. 培育管理

（1）换水。换水率要根据饲育密度，水温，水质，饵料种类、数量、利用率、流失情况，鱼苗的游泳能力、摄食状态，水池的大小、形状、深度、排水方式、有无网箱等综合考虑。一般换水率：15～20 mm 鱼苗，2～3 个循环/日；20～30 mm 鱼苗，

3～4 个循环/日;30～40 mm 鱼苗,4～5 个循环/日;40～50 mm 鱼苗,6～8 个循环/日。中央排水筛管的筛孔直径:15～30 mm 鱼苗,直径为 3～4 mm; 30 mm 鱼苗,直径为 4～6 mm;50 mm 鱼苗,直径为 5～8 mm。

（2）充气。应逐渐加大充气量。

（3）池底吸污。流水培育池一般每 2～3 天吸污 1 次;高密度培育池,应每天吸污 1 次。对于排污性能好的池子,也可只吸沉积物较多处。吸污时注意回收吸出的健康鱼。

（五）饵料及投喂

后期培育的饵料,各地应根据当地饵料资源情况因地制宜地选用。

1. 生物性饵料

生物性饵料,如卤虫幼体、卤虫成体、天然桡足类、枝角类、糠虾类、真鲷或其他鱼类的鱼卵、仔鱼、鱼虾肉糜等。稚鱼变态伏底后,一般不再投喂轮虫,随着稚鱼的生长,摄食饵料也从小规格逐渐到大规格;卤虫幼体,一般投喂到稚鱼变态后第 10 天左右,而且投喂量逐渐减少;尔后代之以培养 3～5 天的卤虫或枝角类等; 变态 10 天以后可投喂卤虫成体、桡足类和糠虾等,同时增加鱼肉糜或配合饵料。 对活的卤虫幼体、成体或桡足类,可在上下午各投喂 1 次。对切碎的鱼肉或死的鲜卤虫成体等要增加投喂次数,每次少量仔细投喂,以延长投喂时间,每日投喂以 4～6 次为宜。每日适当的投喂量是很难确定的,这和稚鱼的大小、对各种饵料每日的摄食量、池中稚鱼的存活数量、活动状况等有关,所以应当仔细观察稚鱼的摄食状况及池中残饵多少和水质等情况随时适当调整。

2. 配合饵料

配合饵料投喂的时间与规格为:35～48 日龄(鱼苗全长为 19～30 mm),粒径小于 1 000 μm,投喂 12 次/日;46～60 日龄(26～35 mm),1 000 μm,8 次/日; 50～65 日龄(32～40 mm),1 300 μm,8 次/日;61～70 日龄(36～55 mm), 1 600 μm,6～8 次/日;66～75 日龄(50～60 mm),2 000 μm,5～7 次/日;鱼苗大于 60 mm,2 500 μm,4～6 次/日。

目前,生物性饵料一般只用卤虫幼体,其他饵料一律用配合饵料代替。另外,需要注意的是,要及时更换生物饵料种类和配合饵料的粒径,掌握投喂时间和控制投喂量,这样可以缩小个体间大小差异,并能减少互相残食现象,从而可提高成活率和生长速度。要定时投喂,养成稚鱼集群抢食的习惯,提高摄食率和减少饵料的浪费。

（六）鱼苗分选

营底栖生活后的牙鲆稚鱼（全长 2 cm 以上个体），若个体间大小差异明显（有时相差 1～2 倍），就会出现大个体激烈残食小个体现象。小苗被大苗咬伤后，带伤在水面无力游动，最后逐渐衰弱死亡。这也是苗种出池成活率降低的主要原因之一。所以在后期培育过程中，要进行筛选。一般鱼苗全长 16～23 mm 时开始第一次分选，分选时要剔除白化和畸形的个体。20～50 mm 期间应每 8～10 天分选一次。一般用分选筛，筛框为（60～80）cm ×（40～50）cm ×（20～25）cm 的木制框架，网为金属网或化纤网，网线要粗而且无结节、光滑以防止刮伤稚鱼。网目大小根据鱼苗分选规格的不同而异，全长 20 mm 网目为 5.5 mm，26 mm 网目为 6.3 mm，30 mm 网目为 7.1 mm，36 mm 网目为 8.3 mm，40 mm 网目为 9.0 mm。筛选后按大小不同分别培育。

六、牙鲆体色异常的主要原因及其预防

牙鲆苗种生产中经常会出现高比例体色异常苗种，即有眼侧的局部或全部白化现象和无眼侧出现黑色素的黑化现象。这两种体色异常现象对苗种的商品价值影响很大，特别是白化苗种无商品价值，因此降低苗种的白化率是苗种生产的重要技术环节之一。牙鲆苗种生产中要求白化率控制在 10% 以下。研究结果表明，营养因素是影响白化的重要因子，饵料中的高度不饱和脂肪酸、卵磷脂和脂溶性维生素 A 的含量不足是引起白化的主要原因。当饵料中缺乏这三种物质时，在仔鱼变态期间，成体色素细胞不能在表面正常形成。

（一）体色异常个体出现的时间

有眼侧整体体色异常出现在全长 10 mm 期，部分出现异常的个体在全长 14 毫米期。发生体色变白是在营底栖生活之前。特别是仔鱼在 8～9 mm 临近视网膜细胞形成期对决定白化非常重要。在全长 5～10 mm 所投喂的饵料对体色异常有很大影响，而出现"黑化"是在全长 30 mm 以上。

（二）体色异常的影响因素及防除对策

"白化"主要是后天因素造成的。

1. 培育环境

（1）培育水温在 16 ℃～19 ℃，稚鱼存活率高，生长快，白化少，而在 13 ℃几乎全部白化，水温在 19 ℃以上，白化率增加，因此培育水温最好保持在 19 ℃。

（2）换水率越高，白化率就越低，因此应尽量提高换水率。

（3）育苗光照强度、水池（槽）的颜色对体色异常的影响还不清楚，但在500～2 500 lx范围内与白化的出现关系不大，水池（槽）颜色对出现白化无明显影响。

（4）培育密度的高低和充气量的大小与白化的出现无关。

2. 饵料营养

（1）用不同产地的卤虫卵孵化的卤虫幼体培育的牙鲆仔稚鱼，其白化个体出现率不同。白化率：美国旧金山的卤虫卵孵化的卤虫幼体培育的牙鲆仔稚鱼白化个体出现率低于中国天津低于巴西。

（2）投喂天然的浮游动物桡足类、枝角类，白化个体出现率很低。

（3）投喂颗粒配合饲料，可大大降低白化率。

（4）投喂真鲷受精卵，对抑制白化的出现有效果。

（5）轮虫、卤虫幼体在投喂前用强化剂进行营养强化是抑制白化出现的最有效方法。

七、中间培育

8 cm以下的苗种生长速度慢，海上网箱养殖抗风浪能力差，淘汰率高，因而需经中间培育。中间培育即鱼种培育，将5 cm的苗种经1～3个月培育成8～15 cm的鱼种的过程。

（一）培育密度

低密度培育效果较好。7～8 cm苗种为300～600尾／平方米；10 cm为200～300尾／平方米；12～13 cm为120～200尾／平方米；15～16 cm为80～120尾／平方米。

（二）培育及管理

1. 环境条件

水温18 ℃～23 ℃为宜，夏季最高不宜超过25 ℃；光照500～1 000 lx，注意遮光；其他同苗种培育。

2. 培育管理

换水量由6～8个循环逐渐增加到12～15个循环，中央排水管筛孔直径：10 cm苗种直径为10～15 mm，15 cm苗种直径为20 mm；持续较大充气；根据实际情况清污,清洗池底、池壁。

(三)投饵

多采用商品干性配合饲料(苗种 <10 cm)和自行加工的湿性颗粒饲料(苗种 >10 cm)。湿性颗粒饲料是按照制作干配合饵料的方法,将各种饵料分配成预混料(粉末料),再将之与绞碎的鱼肉糜按一定比例混合均匀(一般为 1:1～1:2,具体情况视鱼肉糜的含水量而定),并适当添加鱼油、维生素、药物等添加剂,然后上机通过大小不同的筛孔挤出软颗粒即可,要求蛋白质 > 50%,脂肪 > 8%。有经验的厂家可自行采购原料配制,可大大降低生产成本。

(四)鱼种分选

5～8 cm的鱼种,可每15～20天分选1次;9～15 cm的鱼种,可每20～30天分选1次。可用纱窗网或蚊帐网覆于浅水槽上,在网上进行流水手工分选,将鱼种分为大、小或大、中、小三种规格。分选前后的操作和注意事项见第三章。

八、牙鲆秋繁技术

牙鲆的苗种生产一般都在春季。由于牙鲆性腺的发育与其他温水性鱼类一样,与水温和光照有密切关系。因此可通过调控亲鱼培育水温和光照而改变产卵期,在秋冬季进行苗种生产。该项技术现已在生产中得以普遍应用,基本代替了春季育苗。

(一)秋繁的优越性

1. 缩短养殖周期,提高经济效益

常规春季培育出的苗种,至翌年 4～6 月份达到 250～300 g,年底方能达到 800～1 000 g 的商品规格。从苗种到商品鱼需经过两个夏天,一个冬天。牙鲆具有不耐高温的特性,夏季高水温往往是牙鲆鱼种和 2 龄以上牙鲆饲养的困难时期,容易造成死亡。而秋苗 4～5 月份即可达 15 cm 以上,到当年 11～12 月份,即可达 600～800 g 的商品规格,大的可达 1 kg 左右,从而减少了一个夏季和一个冬季,减轻了夏季高水温带来的威胁,节省了越冬费用,缩短了养殖周期,也使全年任何季节供给商品而成为可能,因此提高了商品价值,增加了经济效益,可做到均衡上市。

2. 苗种健壮

秋苗延长了生长适温时间,在 7 月中下旬可长到 20 cm 以上,提高了度夏能力。生长快,抗病能力强,成活率高。

3. 充分利用育苗设施

秋苗一般在 3～4 月份结束,其设施仍可育牙鲆春苗或其他苗种,从而可充分利用育苗设施,提高了设施的利用率,减少了生产费用,提高了经济效益。

(二)秋繁技术要点

1. 水温调控

牙鲆在水温小于 10.6 ℃或大于 21 ℃时卵不能成熟或退化,所以夏季水温宜小于 25 ℃,而 11 月上旬水温降到 10 ℃～12 ℃即开始升温,使水温保持在 14 ℃～16 ℃直至产卵结束。

2. 控制光照

亲鱼池四周遮光,可用黑色遮光帘围起来。在亲鱼池上方距水面约 1 m 左右处安装 40 W 的日光灯 4 支(分 2 组,每组 2 支)。水面上光照强度最强处为 600～700 lx,最暗处为 30 lx 左右。控光时间从计划产卵开始时间的前 40 天左右至产卵结束。每日光照时间,室外水池从日落至午夜(17 时至 0 时);室内水池从早晨 6 时至 0 时,每日光照时间比自然光照时间延长约 7 小时。

3. 亲鱼饵料强化

控光前的日投饵量为亲鱼体重的 1%～2%,控光后为亲鱼体重的 2%～3%。饵料种类、强化等同春季常规育苗。

产卵后的孵化和仔稚鱼的培育,与春季常规育苗方法基本相同。

第三节　牙鲆养成

牙鲆的养成是指从全长 5～8 cm 的鱼种开始,至体重达 500 g 左右的这段养殖时期。牙鲆鱼的养成方式可分为陆地室内工厂化养殖、海上网箱养殖、池塘养殖 3 种养殖形式。近几年,各种养殖方式有相互结合交叉的趋势,即秋冬季于室内工厂化条件下培育大规格苗种,翌年春季水温回升至 15 ℃以上时,将其移至海上网箱养成或池塘养成,冬季降温之前选择收获上市或又回收到室内工厂化池内越冬以继续养成,进行不同养殖方式的接力养殖(表 4-9)。另一种养殖趋势是春季在北方地区繁育苗种,至晚秋规格达到 15 cm 以上,水温下降到 10 ℃以下后,运至广东、广西、海南等地沿海大量的闲置网箱中养殖,进行南北接力养殖。这些地区秋冬季沿海水温高达 20 ℃左右,非常适合牙鲆的生长。

表4-9　荣成桑沟湾牙鲆"陆海接力"养殖（网箱5 m×5 m×2 m，600尾／箱，2009年）
（雷霁霖，2010）

规格	大		中		小		水温（℃）
日期	体重（g）	体长（cm）	体重（g）	体长（cm）	体重（g）	体长（cm）	
5.29	202.0	26.3	136.0	23.3	59.3	18.2	12.8
8.24	634.3	35.7	525.8	32.8	326.0	28.4	22.2
10.12	862.0	38.4	770.0	38.6	490.7	33.8	21.0
11.22	1030.0	42.2	885.3	40.4	614.0	36.3	12.0
生长率	410.0%	61.2%	551.0%	73.4%	935.4%	99.5%	

一、工厂化养殖

（一）苗种的选择

养殖场水温在13 ℃以上时便可购入苗种，选择苗种时应注意以下几点。

1. 苗种体色

应选择无眼侧为白色，有眼侧黑白花纹颜色清晰，各苗种体色一致，近似天然苗种体色的个体。绝对不要"白化"、"黑化"的苗种。

2. 苗种形状

应选择无伤病、体形正常，长椭圆形，长宽适中（长宽比为2.4∶1～3∶1）的健康苗种，那些鱼体太宽而短的也不好，一般这种苗种长不大。剔除畸形个体（脊椎骨弯曲、愈合，造成体型弯曲、凹凸不平，鳃盖边缘缺失内卷，鳃外露）。

3. 苗种规格

应挑选规格整齐的苗种放养。即使是同批苗种，如果大小相差较大，入池后会因互相残食而降低成活率。全长要在5 cm以上，5 cm以上的苗种成活率高且操作容易。有养殖经验的可购进全长5 cm的苗种，无养殖经验的最好购进全长7 cm以上的苗种，而且必须是已能完全摄食死饵或配合饲料的苗种。

4. 苗种生产情况

应选择育苗过程中孵化率高、成活率高、生长速度快、体质健壮的苗种。尽量选择同批苗种，有的苗种虽然规格大小相同，但不同批次，其生长会有很大差异。同批苗中有30%左右生长速度最快，为"头苗"；40%生长速度适中，为"中苗"；20%生长速度较慢，为劣质苗；5%～10%生长特慢，为"老头苗"。应选择头苗或中苗。

（二）苗种运输

1. 塑料袋充氧运输

容量 10 L 的塑料袋,装水 5 L,可放 4～5 cm 苗种 300～400 尾,袋内水温13 ℃左右。充氧后扎紧口,放入泡沫箱,车运或空运,运输时间 10 小时之内没问题。

2. 笼运

在卡车上放水槽,在水槽中安放笼子,每笼内放一定苗种(1 m×1 m×0.2 m可放 5～8 cm 苗种 500～1 000 尾),将笼摞起来,水槽内加水没过笼子,内充氧气,运输水温控制在 17 ℃～18 ℃。

3. 卡车装水槽(帆布篓)散装充气运输

一般适用于运输时间短和苗种规格较大时,运输水温控制在 17 ℃～18 ℃,运输密度 5～6 cm 苗种可 6 000～7 000 尾 / 平方米,正常状态下运输时间 24 小时以内成活率可达 98% 以上。

苗种运输期间应注意:

（1）装车 12 小时之前应停食,运输过程中也不能投饵。

（2）运输过程中要定时检查水温、溶氧和观察鱼的状态,尤其是塑料袋运输如发现有死亡,应立即更换新水充氧。

（3）散装运输、笼装运输要遮光。且运输时避免剧烈震荡,以免擦伤。

（4）为防止病原菌和鱼苗一起进入饲养池,在入池前要用 1～2 mg/L 的抗生素药浴。

（三）苗种放养

苗种放养可根据各自的养殖条件、技术水平灵活掌握（表 4-10）。牙鲆的放养密度若以放养面积计算,应以占满池底面积的 70%～80% 为宜,夏季高温期最好控制在 40%～60%。

表 4-10　陆上流水养殖牙鲆放养密度（刘立明, 2006）

全长（cm）	体重（g）	放 养 密 度	
		尾数（尾 / 平方米）	重量（ kg/m² ）
5	1.5	800	1.2
10	10.0	200	2.0

续表

全长（cm）	体重（g）	放养密度	
		尾数（尾/平方米）	重量（kg/m²）
15	60.0	95	5.7
20	85.0	50	4.3
25	140.0	35	4.9
30	320.0	22	7.0
35	460.0	17	7.8
40	800.0	13	10.4

（四）养成管理

1. 水环境要求与管理

（1）水环境要求。养殖用水要求经砂滤的清洁海水。水温 13 ℃～23 ℃，最适水温 16 ℃～21 ℃。牙鲆适盐范围很广，能在盐度为 5～35 的范围内生存，但盐度为 27.3 时饵料效率最高；DO＞4 mg/L；pH 要求为 7.7～8.6；光照应在 1 000～5 000 lx，池上方要遮光，光线过强会使牙鲆不安定，也会使池底、池壁繁生藻类而影响其摄食和生长。

（2）换水。牙鲆养成期间的流换水量与水温、养殖密度成正相关。一般水温在 15 ℃以下时，流换水量在 5～10 个循环/日；水温在 15 ℃以上，超过 20 ℃时，应加大流换水量。因此，换水量也可随季节而定：1～2 月，5 个循环/天；3～4 月和 11～12 月，10 个循环/天；5 月和 10 月，15 个循环/天；6 月和 9 月，20 个循环/天；7 月和 8 月，24 个循环/天。韩国的一些牙鲆养殖场，采取流换水量与水温同数的办法，即水温为 15 ℃时，流换水量为 15 个循环/天；水温为 20 ℃时，则流换水量为 20 个循环/天。若条件达不到，可冬季 5 个循环/天，春秋 10 个循环/天，夏季 15 个循环/天。换水方法以长流水为主，每天投饵后大排水 1～2 次，排水时及时清除池底积存的残饵、粪便等污物。总之，在条件允许的前提下尽量加大换水量，以确保水质良好、溶氧充足。良好的水质条件是鱼类生长最重要的因素，也是避免鱼病发生的重要措施之一。

（3）充气。应进行持续充气。采取充气流水式养殖，池水中溶氧一般能达到 6～10 mg/L。

（4）吸底。残饵和排泄物的堆积会造成水质恶化，也是发生病害、造成死亡的主要原因。尤其是投喂以冷冻杂鱼为主要饵料的养殖池，池底常会粘有饵料油脂和饵料碎末等污物,必须经常擦洗。池底沉积的污物要进行虹吸和清扫。池水旋流好的,最少每月要清扫 2 次以上。对于旋流情况差的,要经常吸污或清扫。

2. 饵料及投喂

(1)饵料选择与配制。目前牙鲆养殖采用商品干性配合饲料、新鲜或冷冻杂鱼、湿性颗粒饲料。商品干性配合饲料可直接由厂家购入。投喂新鲜或冷冻杂鱼,鱼的生长速度较快,但难以添加营养剂及药物,且易污染水质,不利于鱼病预防,已逐渐不用。有条件的单位也可自制湿性配合饲料,但必须确保原料优质、无污染、无霉变腐败,各种营养成分满足鱼体生长需要。可用 10%的粉末料与 90%鲜杂鱼混合加工造粒。粉末料可由厂家购入或自行配制,配方为:小麦全粉 5%,鱼粉 55%,膨化大豆粉 5%,粉末油脂 10%,小麦胚粉 7%,花生粕 6%,饲料酵母或啤酒酵母 8%,混合矿物质 3%,复合维生素 1%。湿性颗粒饲料做好后需冷冻保存。

(2)饵料投喂。鲜杂鱼应切成适合鱼种口径大小的鱼块,且冲洗干净后投喂。颗粒饲料则应根据鱼种的大小投喂相应粒径的饲料。湿性颗粒饲料在投喂之前取出,待基本解冻,颗粒不互冻在一起呈单粒时投喂。投喂次数及投喂量,应根据苗种规格、水温、水质及苗种的摄食情况而定(表 4-11)。冬季水温低于 12 ℃,夏季水温高于 25 ℃,摄食受到影响,应适当减少投喂次数及投喂量,药浴时应停止投喂。在水质良好、水温适宜时,鱼的摄食旺盛,可适当增加投喂次数与投喂量。每天投喂时间一般可安排在 6:00～18:00,每次投喂间隔时间相等,夜间一般不投喂。投喂时,应先少投饵引鱼,待大部分苗种游起开始摄食时再多投,大部分苗种吃饱不再游起摄食时,再慢投以照顾较弱鱼种,但要控制好投饵量,不要过量投喂,每次投喂摄食量的 80%即可。

表 4-11　牙鲆湿型颗粒配合饲料日投喂量(刘立明,2006)

体重(克/尾)	日投喂量为其饲养鱼体重的百分比(%)	日投喂次数(次)
苗种期	15～10	4
100	10～7	3
300	5～4	2
500	3～2	1

3. 大小分选

放苗后可根据生长情况适时筛选分苗,做到不同规格的苗种进行分类培育。

即使是购苗时规格相同,但经过一段时间培育之后,仍会出现个体大小差异。在一般的情况下,苗种在全长 10 cm 以前残食严重,有的个体不能着底而出现在水面以下缓慢游动,出现体色黑化,而体色黑化的鱼,更易受到攻击,因受伤而逐渐死亡,因此 5～10 cm 期间至少分选 2 次;全长 10 cm 以上的个体,很少互相残食,但因大个体抢食而影响小个体摄食,会使生长差别增大,而使饵料效率降低,可每月分选 2～3 次或根据情况每月选别 1 次,分选时可以清除病鱼、畸形鱼,并可根据鱼种的规格,及时调整放养密度,以利于鱼体的正常生长(分选方法同中间培育)。分选作业前要停食,且应在 20 ℃ 以下进行,高温不宜分选、倒池,且应注意分选后药浴。

二、网箱养殖

海上网箱养殖具有成本低、病害少等特点,在条件适宜的海区是一种重要的养殖形式。我国牙鲆的网箱养殖开始于 1996 年,养殖规模发展迅速。

(一)养殖海区的选择

1. 网箱养殖牙鲆的优点

(1)投资小、成本低。网箱养殖的初期投资成本远远低于陆地工厂化养殖。同时,在养殖过程中,由于无需抽水、充气等机械设备和能耗,养成中的生产成本也较低。

(2)生长速度快。网箱养殖牙鲆鱼一般比同期陆地工厂化养殖生长速度快近 1 倍。

(3)活力好、体色好。由于网箱内环境好,再加上自然光照,因此网箱养殖的牙鲆活力和体色均接近野生牙鲆鱼,运输成活率高,商品价值也随之增高。

(4)发病率低。由于网箱内水质较好,鱼的粪便和残饵能及时被水流带走,养殖鱼体健壮,病害较少,成活率大大提高。

2. 海区环境要求

海区环境除了应满足一般海水鱼类网箱养殖的要求外,还应注意:

(1)水温。夏季水温不高于 26 ℃,冬季最低水温不低于 4 ℃,在北方海域,冬季水温低,在海上越冬有一定困难,可移到室内越冬。

(2)盐度。海区附近无河流水注入,盐度相对稳定,常年应在 28～31。

(3)pH。正常海水的 pH 应维持在 8.0～8.3。

(4)溶解氧。海水清新无污染,溶解氧应在 5 mg/L 以上。

（二）牙鲆养殖网箱的结构特点

牙鲆属于底栖性生活鱼类，在一般的情况下，海区生活的牙鲆只在捕食时游起，摄食后迅速回卧于海底，很少活动。由于其生活习性与其他游泳性鱼类不同，对养殖网箱等养殖设施的要求也不尽相同。

目前国内养殖牙鲆多采用传统的浮动式网箱。

1. 网箱结构

网箱是由浮架、箱体和沉子 3 个部分组成。

（1）浮架。框架由钢管、木材或工程塑料等根据网箱的大小、形状、使用要求制作而成。浮子较普遍使用直径为 50～60 cm、长 100～120 cm 的椭圆形泡沫塑料浮子，外面用帆布包裹，刷上油漆等防腐材料，单只浮力约 300～340 kg，根据网箱重量确定浮子数量，将其等距离、对称捆牢在网箱框架下面。

（2）箱体。有塑料网衣和不锈钢网衣。网箱的形状和规格，可根据各养殖单位的具体情况而定。网目要根据苗种大小而定。鉴于牙鲆伏底栖息的习性，无论网衣是何种材料、有无结节，网箱底网必须平滑以免刮伤鱼体。可在网箱底网上分块铺设塑料篷布以供牙鲆栖息，篷布用线缝在底网上即可。一般 5 m×6 m×4 m 的方形网箱，可分 4 块铺设，中间留有"十"字形（宽 20～30 cm）的网底不铺塑料篷布，以便水流带走底部污物（图 4-11）。

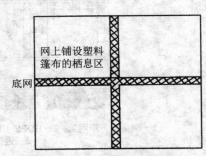

图 4-11　牙鲆养成网箱底面图

（3）沉子。可采用镀锌钢管焊接制成单管支撑网框，其作用除撑平箱底网外，同时作为沉子使壁网与箱底垂直。

2. 网箱的设置

网箱固定的方式应因网箱设置海域底质情况而定。沙泥底质的海域，可用打木桩、铁锚等方法固定；岩礁底质的海域，则用大石块固定。根绳多采用 3 000 左右单丝合成的聚乙烯绳。箱体与框架连接的口纲，可根据箱体材料，选用适宜的绳索绑扎。布设网箱时，先将捆扎好浮子的框架，固定于养殖海区，再将网箱的口纲牢固地绑结在框架的内缘架上；将箱底撑平用的底框紧紧地绑结在箱体底网上，使之与箱体口纲平行；最后将箱体、沉子支撑框一起缓慢放入海中，网箱上口加上盖网。各网箱的组合设置见第三章。

近年又开发出了 HDPE 方形浮式平底网箱（图 4-12）和 HDPE 双管控制的整组升降式网箱等新型养殖网箱（图 4-13）。

图 4-12　HDPE 方形浮式平底网箱（雷霁霖，2010）

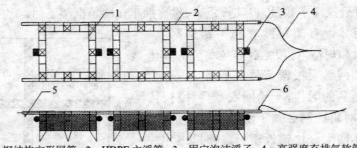

1—钢结构方形网箱；2—HDPE 主浮管；3—固定泡沫浮子；4—高强度充排气软管；
5—进排水口；6—充排气口

图 4-13　HDPE 双管控制的整组升降式网箱（雷霁霖，2010）

（三）鱼种放养

北方地区鱼种放养一般在 4 月中旬至 5 月初，要保证自然水温稳定在 12 ℃以上。由于规格小的鱼种抗风浪能力弱，网箱养殖成活率低，所以苗种全长最好在 15 cm 以上，最小不得小于 12 cm，且体色正常，健康无病害。放养密度开始为 100 尾／平方米，以后随着鱼的生长，再进行筛选和分养。当牙鲆长成尾重 400 g 时，适宜的放养密度为 30～40 尾／平方米。

（四）饵料投喂

网箱养殖牙鲆的饵料基本与工厂化养殖相同。牙鲆在清晨和黄昏时摄食最旺盛。投饵一般在此时进行，每日早晚 2 次。投喂方法与其他鱼类网箱养殖相同，投饵量基本上与工厂化养殖相同。

（五）日常管理

应经常观察牙鲆的活动情况。牙鲆在不摄食时，一般潜伏于箱底，如果发现鱼缓慢无力游于箱边，则说明鱼有不良症状以便及时采取措施。

其他养殖管理见第三章。

三、池塘养殖

（一）池塘条件

牙鲆养成用的池塘，堤坝必须坚固以确保安全；堤坝高度以遇风暴潮时不越浪为好；必须是换水条件好（有较好的进排水设施）的临海沙质底或泥沙底质的池塘；一般水深在 2 m 以上；泥质底池塘，不利于养殖牙鲆，因此适用于养殖牙鲆的池塘，在放养苗种的 1 月之前，必须彻底清除池底淤泥，并进行消毒处理后，用 80 目筛网过滤注入新鲜海水，并经反复冲洗养殖池后，纳入清新海水并施肥，以培养基础饵料。

（二）水质要求

牙鲆养殖池塘要求水源充足，水质无污染。夏季最高水温最好不超过 28 ℃，若最高水温高于 30 ℃，则高温期应小于 15 天；盐度为 17～35，暴雨季节盐度能保持在 8 以上；pH 为 7.6～8.7；溶氧量达 4 mg/L 以上。

（三）苗种放养

4 月中下旬、5 月上旬当水温上升至 13 ℃ 以上时，即可以向池塘内放养牙鲆苗种。考虑到必须当年养成，放养苗种规格要在 12 厘米以上，且为优质苗种，放养密度为每亩水面 1 000 尾左右。池塘养殖用的苗种规格应在 12 cm 以上，小规格鱼种对环境的适应能力弱，成活率低。若有条件培育小规格鱼苗，也可放养 6～7 cm 的鱼苗，经培育至 12 cm 以上，再放入养成池塘，鱼苗密度应控制在 15～20 尾／平方米。池塘培育大规格鱼种的方法，可采用室内水泥池培育或在养成池塘内用网圈出一部分水域进行培育的方式，待鱼苗长至大规格鱼种后，撤开围网，转入正常养成。养成池塘适宜培育大规格鱼种的区域，应选择靠近进水口，水交换好的地方，以确保培育水质清新，利于苗种的健康成长。有条件的可设增氧设施，以防因缺氧发生死鱼。

（四）饵料投喂

1. 饵料种类

饵料种类与工厂化养殖的饲料种类基本一样。放养初期，以干颗粒配合饲料为主，待鱼生长至 12～15 cm，以新鲜或冰冻杂鱼及自制冰冻湿性颗粒饲料为主。

2. 投饵次数及投饵量

投饵次数及投饵量，应根据苗种大小、水温、天气和实际摄食情况灵活掌握。在放养初期，苗种个体小时，每天可投喂 4～5 次，当鱼全长达 15 cm 以上时，每天投喂 2 次即可。日投喂量按干饲料计算。当水温为 13 ℃左右时，为鱼体重的 1%～1.5%；当水温为 15 ℃左右时，为鱼体重的 2%左右；当水温为 18 ℃～24 ℃时，日投喂量可达鱼体重的 3%以上。一般鲜杂鱼可按 2.5～3 kg 折算 1 kg 干饲料。水温 25 ℃以上度夏时期要减少投饵，当水温超过 30 ℃时停止投饵。

3. 投喂方法

池塘养成牙鲆一般放养密度较低，投喂时应选择栖息密度大的地方，设几个投喂点，做到定点、定时投喂，使之形成定时、定点摄食的习惯，尽力避免满池投喂，这样不仅有利于提高饲料的利用率，而且又可避免因饲料沉底腐烂污染水质，投喂时同样要做到先少投、慢投，待大批鱼苗起水摄食时，再多投，大多数吃饱不再游起时，再少投、慢投，为弱小个体提供足够的摄食机会。

（五）日常管理

1. 水质调节

在放养初期，只需少量换水即可。随着鱼体的长大，换水量逐渐加大，当全长达 15 cm 以上时，每天应利用潮汐尽最大量换水，以保持水质清新。夏天高温季节，易发生病害和缺氧死鱼事故，水交换量更应加大，必要时应配备抽水设备和增氧机，以保证水质清新，溶氧量充足。如遇高温闷热天气，要及时开启抽水设备供水，确保水质清新，并使用增氧机增氧，以防止因缺氧发生死鱼。

2. 巡塘观测

早晚巡塘观测鱼活动情况、残饵情况、病害、池塘水色、气味、透明度变化、进排水网具、堤坝等池塘防逃安全设施等，发现异常及时处理。特别应注意台风季节，做好防台风准备。

（六）收获

池塘养殖的牙鲆，一般应根据市场需求的规格及价格确定收获、销售时间，但我国北方沿海必须在晚秋低温期（10 ℃）到来之前收获销售或移入温室内进行越冬以免集中收获上市而影响经济效益。由于牙鲆死后价格很低，市场上多出售活鱼，因此，收获技术较为重要。放水收获是利用牙鲆趋弱流、逆强流、想逃逸的特点，在排水闸外槽安装闸门接网箱，放水收鱼，这种方法节省劳力，收起的鱼不受池底污泥污染。闸门接网是由聚氯乙烯线结成的带网箱网袋，网目 4～5 cm，逐渐缩至 3 cm，接网身长应是网口宽度的 4～5 倍。前口方形或长方形，与闸门相适应，后口周长缩至 1.5～2.0 m，后口接一方形网箱，网箱边长为 1 m，高为 0.5 m，网箱材料最好用无结节网，网目 2 cm 左右。收获一般在大潮前或大潮时进行，因此，放水收鱼一般难以收净，应反复灌排水。放水收鱼应利用闸板控制水流，勿使水流太急，以免使鱼体受伤，甚至冲破网箱，采取此法经 5～8 次反复灌排水，大部分鱼可收获，其余可放干水，用手抄网或拉网捕捉。

第五章
大菱鲆繁育生物学与健康养殖

　　20世纪90年代以来,我国海水养殖热点已由藻类、贝类、虾类扩展到鱼类和海参等品种。随着北方海水鱼类工厂化养殖和网箱养殖热潮的兴起,养殖方式、养殖品种日趋多元化。我国北方工厂化海水养鱼的传统养殖种类是牙鲆,由于种类单一,并且牙鲆耐低温的能力较差,在低温条件下生长速度较慢,需要越冬,养殖成本过高。在这种情况下,人们迫切需要耐低温、生长速度快、适应力强、市场价值高的优良养殖新品种。为此,中国水产科学研究院黄海水产研究所于1992年从英国引进了欧洲养殖良种大菱鲆。大菱鲆 *Scophthalmus maximus* Linnaeus 为原产于欧洲的冷水性底栖鱼类,该鱼种具有适应低水温生活、生长速度快、肉质好、养殖和市场潜力大等诸多优点。自英国于20世纪60年代开发成功以来,经过近50年的发展,大菱鲆已成为欧洲重要的商业化养殖鱼类。大菱鲆引进国内后,经过科研人员的努力,于1999年突破了大规模生产性育苗技术。随后,大菱鲆养殖很快在山东半岛、河北和辽东半岛得到普及,并继续向南延伸到江浙与福建沿海,已经发展成为目前海水鱼类养殖的支柱性产业之一。近年来,大菱鲆养殖已度过了短暂的低迷与调整期,目前随着国家鲆鲽类产业技术体系的构建,在广大水产养殖技术人员的努力下,育苗技术不断提高,商品鱼价格基本保持稳定,整个产业处于上升阶段,发展前景良好。

第一节　大菱鲆繁育生物学

一、分类、分布与形态特征

大菱鲆 *Scophthalmus maximus* Linnaeus 隶属于鲽形目 Pleuronectiformes 鲽

亚目 Pleuronectoidei 鲆科 Bothidae 菱鲆属 *Scophthalmus*。英文名 turbot, 音译名"多宝鱼"。

大菱鲆是原产于欧洲的特有种,分布于大西洋东侧欧洲沿岸,从墨西哥湾至斯堪的纳维亚半岛,从北欧南部直至北非北部,黑海、地中海沿岸等有分布。主要分布区为北海和黑海西部沿岸,是该海区重要的经济鱼类。欧洲沿岸的年捕捞量为 7 000 t,黑海西部沿岸年捕捞量为 1 600 t,整个欧洲和西亚沿岸年总捕捞量不超过 1 万吨。后经移植,现已在亚洲的中国、南美智利等地进行大规模养殖。

大菱鲆身体扁平,体形略呈菱形,由于背、臀鳍较宽,所以整体观又近似圆形(图5-1)。尾鳍宽而短,背鳍与臀鳍无硬刺。两眼位于头部左侧,有眼侧呈灰褐色、深褐色,有黑色和咖啡色的花纹隐约可见,会随环境变化而变更体色的深浅,体表有少量皮刺(角质鳞)。无眼侧呈白色,光滑无鳞。大菱鲆的皮下、鳍边含有十分丰富的胶质,口感甘美,风味独特。头部较小,占鱼体比例小,口裂中等大,比牙鲆小,其牙齿细短而且不锋利。鱼体中部肉厚,全身除中轴骨外无小刺,出肉率高。内脏团小,位于腹腔前位。性腺位于腹腔下后方,成熟期性腺由后向前不断膨大,以致充满整个腹腔,而将内脏团挤于腹腔前位上方。大菱鲆的体形优美,幼鱼色彩绚丽,具观赏价值。

图 5-1　大菱鲆

二、生活习性

大菱鲆是冷水性深海底层鱼类,其突出的特点是适应于低水温生活和生长,这也是最初考虑将它引入我国北方沿海开展养殖的最主要的原因之一。它能短期耐受 0 ℃和 30 ℃的极端水温,也有的报道其最高致死温度为 28 ℃～30 ℃,最低致死温度为 1 ℃～2 ℃。大菱鲆 1 龄鱼的正常生活水温为 3 ℃～26 ℃,最高生长温度为 21 ℃～22 ℃,最低生长温度为 7 ℃～8 ℃,最适生长温度为 14 ℃～17 ℃。2 龄鱼以上对高温的适应性逐年有所下降,长期处于 24 ℃以上的水温条件下将会影响成活率。但对于低温水体(0～3 ℃),只要管理得当,并不会构成生命威胁。实践证明:3 ℃～4 ℃仍可正常生活,10～15 cm 的大规格鱼种,在 5 ℃的水温条件下,仍可保持较积极的摄食状态,集群游动和摄食的行为均表现活跃。

大菱鲆适盐性较广,对盐度耐受力最高为 40,最低为 12,最适为 25～35。pH 最适为 7.8～8.6。大菱鲆能耐低氧,但要求水质清洁,透明度大,溶解氧大于

4 mg/L,若低于 4 mg/L 则生长会受到抑制。大菱鲆对光照的要求不高,200～2 000 lx 即可。

大菱鲆对不良环境的耐受力较强,喜伏底栖息,集群生活,除摄食外,平时静伏水底,很少游动。除头部露在外面,身体可互相多层叠压一起,重叠面积超过60%,对生长、生活也无影响。大菱鲆喜集群游向水面摄食,饱食后迅速下潜静卧水底。

大菱鲆在自然海区营底栖生活,为底栖动物食性。幼鱼期摄食甲壳类和多毛类,成鱼期摄食小鱼、小虾、贝类等。大菱鲆性格温驯,食性较牙鲆温和,互相残食现象较少。人工育苗期的饵料系列为轮虫—卤虫无节幼体—微颗粒配合饲料或卤虫成体。成鱼养殖阶段投喂新鲜杂鱼、冰鲜杂鱼或配合饲料。大菱鲆从育苗到幼鱼培育到养成,都较易接受配合饲料,而且转化率较高,饵料系数有的可达1.2:1。

大菱鲆的生长主要受环境影响,如水温和饵料等。大菱鲆在水温 7 ℃以上可以正常生长,10 ℃以上可以快速生长。一般在孵化后 2 个月,鱼苗平均全长可达3 cm,3 个月全长可达 6 cm 以上。在其最适的生长温度 15 ℃～19 ℃条件下,保证饵料的优质和充足,全长 5 cm 的鱼苗入池养殖一年,体重可达 800～1 000 g,第 2～3 年生长速度加快,一般年增长速度可以超过 1 kg。3～4 龄鱼体重可达5～6 kg。

三、繁殖生物学

大菱鲆的自然繁殖季节为每年 5～8 月,盛期为 7 月,产卵场水温 12 ℃～15 ℃,高峰期 14 ℃左右,产卵场为水深为 80～150 m 的沙泥底质海区。大菱鲆与牙鲆一样属于分批产卵鱼类,产卵量与雌鱼个体大小密切相关,个体繁殖力随体重增长而增加。一般体重 1～7 kg 的雌鱼,其怀卵量为 100 万～720 万粒,即平均每千克体重的怀卵量约 100 万粒。而且每尾雌鱼在一个产卵季节或一个多月的产卵周期中的产卵次数与产卵量差别甚巨,排卵间隔个体间亦有很大差异。野生雌性大菱鲆3 龄性成熟,体重 2～3 kg,体长 40 cm 左右;雄鱼 2 龄性成熟,体重 1～2 kg,体长30～35 cm。养殖亲鱼性成熟年龄一般可以提早一年。

大菱鲆亲鱼对光照和温度很敏感,随着光照的增加和温度的升高其性成熟加快。因此可以利用光温调控方法,诱导和控制亲鱼在年周期内的任何一个月份产卵。大菱鲆亲鱼在人工养殖条件下,一般不能自行产卵受精,繁殖盛期偶有成熟卵自行排出体外,但绝大多数为未受精,所以至今人工繁殖培育鱼苗,仍依赖于人工采卵授精。

大菱鲆的排卵节律较难掌控,性腺中的卵子排卵后会迅速老化而失去受精能力,而且雄性大菱鲆的精液量也很少。由于人工挤出的卵有相当一部分是非自然发育成熟的,其卵子的受精率、孵化率较低,这就降低了人工挤卵的效率,目前国内有的厂家采用激素催产的方式可在一定程度上提高采卵效率和卵质。

四、发育生物学

(一)胚胎发育

1. 卵子

大菱鲆卵呈正圆球形,无色透明;中央有油球 1 个,无色透明。平均卵径为0.98 mm,平均油球径为 0.13 mm。受精卵在盐度为 30 的静水中呈浮性。

2. 胚胎发育过程

胚胎发育过程详见表 5-1,图 5-2。

表 5-1　大菱鲆胚胎发育时序(水温 13 ℃ ± 0.2 ℃;雷霁霖,2003)

受精后时间	胚胎发育特征	受精后时间	胚胎发育特征
0 h 00 min	受精	20 h 20 min	胚环某部加厚
2 h 00 min	原生质集中	26 h 50 min	胚盾出现,胚盘下包
2 h 30 min	2 细胞	31 h 10 min	胚盘下包 1/5,胚体初现
3 h 00 min	4 细胞	36 h 20 min	胚盘下包 1/2,胚体延伸
3 h 40 min	8 细胞	44 h 10 min	胚盘下包 2/3,头突出现
4 h 10 min	16 细胞	53 h 10 min	胚盘下包 3/4,头突扩大,听区扩大
5 h 00 min	32 细胞	60 h 00 min	克氏囊出现,肌节 10 对
6 h 30 min	64 细胞	65 h 00 min	原口关闭,尾芽形成
7 h 10 min	128 细胞	70 h 00 min	尾形成,晶体出现,色素出现
10 h 20 min	多细胞	95 h 30 min	尾延长,心跳开始(胚体环绕卵黄 3/4)
11 h 20 min	高囊胚		
12 h 50 min	低囊胚	115 h 00 min	即将孵化(胚体绕卵黄 4/5)
18 h 20 min	原肠期开始,胚环形成	116 h 00 min	正在孵化

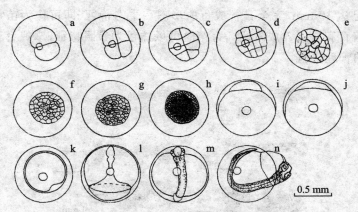

图 5-2　大菱鲆胚胎发育（引自雷霁霖，2003）

a—2 细胞期；b—4 细胞期；c—8 细胞期；d—16 细胞期；e—32 细胞期；f—64 细胞期；g—128 细胞期；h—多细胞期；i—高囊胚期；j—低囊胚期；k—胚盾初期；l—胚盘下包 3/4；m—尾形成；n—正在孵化

（二）胚后发育

　　如图 5-3 所示，在水温 15 ℃～16.5 ℃条件下，初孵仔鱼全长约 2.5 mm，尚有卵黄，属于内源性营养阶段；3 日龄仔鱼，全长 3.3 mm，尚有少量卵黄，口、肛开通，消化道直管状；5 日龄仔鱼全长约 3.5 mm，卵黄囊和油球消失，完全转入外源性营养阶段，消化道弯曲并开始分化成食道、胃、直肠三部分，已明显摄食轮虫；10 日龄仔鱼，全长约 4.7 mm，出现趋光、集群习性，喜食卤虫幼体；15 日龄稚鱼，全长约 6.5 mm，身体除增长外，最明显的特征是加粗；20 日龄稚鱼，全长约 8.0 mm，生长快，身体明显加宽，各鳍加宽并分化；25 日龄稚鱼，全长约 10 mm，右眼上升，身体加宽并呈扁平状，开始伏底生活；33 日龄幼鱼，全长 18 mm，生长明显加快，体形与成鱼相似，大量转入底栖生活；60 日龄幼鱼，全长约 30 mm，与成鱼完全相似并全部转入底栖生活，喜群聚，摄食配饵积极；3 月龄幼鱼，全长达 50～60 mm，已可作为鱼种提供给养殖生产需要。

　　从初孵仔鱼至 9 日龄仔鱼，体色逐日变红，故称之为"红苗"。从 10 日龄开始至 24 日龄鱼苗，由于鱼体躯干部的黑色素日渐增多，所以称之为"黑苗"。此期身体不断变宽，鳍膜逐步分化，而达扁平状。这时除摄食活饵外，由于视觉敏锐，游泳能力增强，经驯化后，可以摄食配合饲料。25 日龄以上的鱼苗，体披大量花状色素，而底色逐步变浅，而称为"花苗"。这时鱼苗身体变宽，鳍膜亦加宽，右眼上升。30 日龄苗，右眼已上升至头顶部，35～38 日龄苗，右眼完全转移至左侧，鱼苗身体呈扁平状，完全转入底栖生活，形态和习性已与成鱼相似。至 60 日龄时，鱼苗全长已达 30 mm，完全具备成鱼的形态和生态特征，即可作为苗种出售，或投入中间培育和进入养成阶段。育苗时可以体色为参照特征，掌握育苗的进度，采取相应的管理措施。

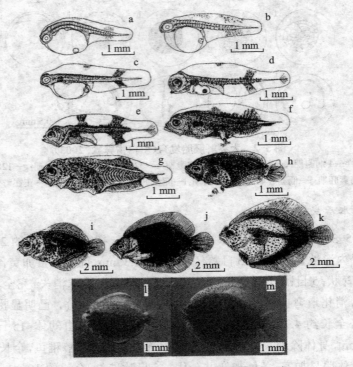

图 5-3　大菱鲆仔稚幼鱼发育（雷霁霖，2003）
a—初孵仔鱼；b—1 日龄仔鱼；c—2 日龄仔鱼；d—3 日龄仔鱼；e—5 日龄仔鱼；f—10 日龄仔鱼；g—15 日龄仔鱼；h—20 日龄稚鱼；i—25 日龄稚鱼；j—33 日龄幼鱼；k—38 日龄幼鱼；l—60 日龄幼鱼；m—90 日龄幼鱼

第二节　大菱鲆人工育苗

　　大菱鲆的人工繁育技术与其他鲆鲽类有相似之处，但也有其自身的特点。尤其表现在人工养殖条件下，不能自行排卵受精，排卵节律特殊，最佳采卵"窗口"狭窄和日采优质卵率低等，而且苗种培育阶段水质要求条件高，成活率较低，与卵质有很大关系，因而人工繁殖育苗具有一定的难度。为了达到理想的繁育效果，首先必须抓住亲鱼培育与采卵这一环节。

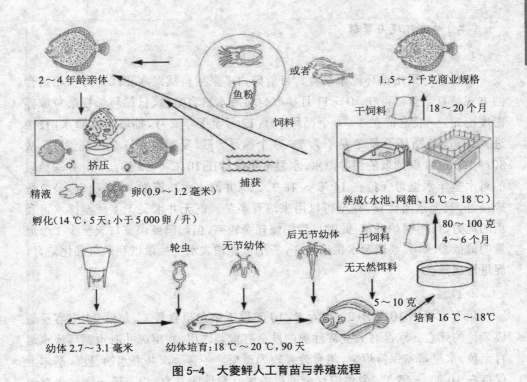

2～4年龄亲体

鱼粉

或者

1.5～2千克商业规格

饲料

挤压

捕获

干饲料 18～20个月

精液 卵(0.9～1.2毫米)

养成(水池、网箱、16 ℃～18 ℃)

孵化(14 ℃，5天；小于5 000卵/升)

轮虫 无节幼体 后无节幼体 干饲料 80～100克 4～6个月

无天然饵料

幼体2.7～3.1毫米 幼体培育：18 ℃～20 ℃，90天 5～10克

培育16 ℃～18℃

图5-4　大菱鲆人工育苗与养殖流程

一、亲鱼选择

对于亲鱼，2～3龄、体重达2 kg的雌鱼和1龄、体重达1 kg的雄鱼即可达性成熟，亲鱼每千克体重平均可产卵100万粒。国内一般应从体重达2 kg以上的养殖鱼中挑选生长速度快、健壮活泼、体形完整、色泽正常、体表光亮的个体作为亲鱼进行培育。由于大菱鲆人工采卵难度较大，应适量多培育些亲鱼，单茬育苗的亲鱼入池总量以100～200尾为宜。雌雄比例为2∶1或1.5∶1。

二、亲鱼培育

目前国内多采用光温调控技术培育亲鱼，通常可常年繁殖育苗。

(一)培育密度

可采用20～60 m² 圆形池、八角池或方形池，放养密度为1～3尾/平方米，按体重计算为2～6 kg/m²，具体要视水温、水质、水循环量而定(图5-5)。

图5-5　大菱鲆亲鱼

（二）培育环境与管理

1. 循环流水

亲鱼最好采用循环流水培育。目前国内多采用自然海水和深井海水相结合的方式培育亲鱼。可在10～11月抽取自然海水培育亲鱼，日循环量视亲鱼放养密度而定，一般维持在3～6个循环／日；12月至翌年2月，抽取深井海水，直接进入亲鱼池，循环流量冬春季为2～3个循环／日，夏季维持6个循环／日。从80～120 m井深抽取的深井海水，水温常年维持在10 ℃～15 ℃；20 m井深抽取的海水全年水温可保持在14 ℃～18 ℃。深井海水水质清澈，水温稳定，亲鱼适应良好，只要水质优良，完全可以用来培育亲鱼。既无井水又无工厂温排水可利用的地方，可用锅炉升温，此时尽管燃煤耗费较高，但起码要保证每天至少1个流量的最低要求。只要适温水供应允许，应尽可能增大水交换量以利亲鱼强化培育，促进性成熟。

2. 控温

培育水温以10 ℃～20 ℃为宜，10 ℃以下亲鱼摄食较差，超过24 ℃容易造成亲鱼的死亡。水温对大菱鲆性腺的发育有重要作用，利用深井海水循环流水培育亲鱼，水温基本保持恒定，培育效果较为理想。冬春季深井海水的温度，基本上保持在10 ℃～15 ℃，亲鱼培育全过程的生活和性腺发育，均表现正常。水温调节着鱼类的代谢过程，故调温对鱼类性成熟有重要的作用。可随自然水温下降至9 ℃～11 ℃，然后再逐渐升温至13 ℃～14 ℃并保持恒定。

3. 控光

大菱鲆亲鱼喜好较暗且较安静的环境，所以，亲鱼池四周一般用遮光率80%的黑色遮光帘遮光，既能防止对亲鱼的惊扰，又能避免亲鱼池中生长杂藻。由于大菱鲆亲鱼性腺发育也与光照时间有密切关系，因此可以按生产计划要求编制光照周期，逐渐延长其光照时间以使其提前性成熟和产卵。光源采用白炽灯或日光灯均可，以控制水池表面光强为准，灯具可设置在亲鱼池上方离水面1～1.2 m处，水面光照度60～400 lx。为促使性腺成熟，应将光照时间先降到8～10小时，然后再延长为17～18小时，并维持到性成熟与产卵的全过程。亲鱼一般控光2个月后可产卵，产卵期可持续2个月左右。

（三）饵料强化投喂

亲鱼饲育用饵料为新鲜玉筋鱼、鲐鱼、小黄鱼、沙丁鱼、鳕鱼及其他杂鱼等。

英国主要以含脂量低的冰鲜鳕鱼为主要饲料培育亲鱼。最好不要偏于单一饵料。大鱼可切成大小适口的肉块投喂,也可投喂自行配制的冷冻软颗粒饵料。可在饵料中添加亲鱼性腺发育所必需的维生素 E、维生素 C、复合维生素、鱼油和诱食剂等物质。每天的投饵量为亲鱼体重的 1%～3%。日投喂 2 次,8:00 和 16:00。秋冬季控温控光育苗时,10～11 月为亲鱼营养贮存期,利用 20 ℃～15 ℃的自然水温条件,强化饵料投喂,促进亲鱼积极摄食以积累营养。在 12 月至翌年 2 月的产卵期内,亲鱼摄食量会明显下降,但对产卵不会造成影响。此时可减少投饵量,每日投饵 1 次,按亲鱼体重的 1%～1.5%投喂。

三、亲鱼成熟与采卵

(一)亲鱼的成熟

野生大菱鲆自然产卵期在每年 5～8 月。人工培养的亲鱼,在控光、控温条件下一年四季均可获得成熟的卵子。野生大菱鲆喜群栖生活,人工培育的亲鱼亦然。亲鱼在人工控温、控光培育条件下表现极为安静,群体互相依存。但亲鱼对温、光和声响的反应敏感,如遇突然刺激,容易引起不安骚动或集群游动。雄性成熟较早,成熟个体腹部不突出;雌性成熟稍晚,腹部突出程度会随着成熟度的提高而增高。达性成熟的亲鱼并无其他明显的副性征和生殖行为,一般也不能在池中自行产卵受精。因此,人工采卵授精成为非常重要的工作,但大菱鲆的排卵节律较为特殊,获取恰到好处的成熟卵并不十分容易,需要密切注视亲鱼的发育动态,推算下一次采卵的适宜时间,准确把握采卵时机,及时采卵人工授精。否则卵巢中排出的卵子会很快过熟而不能受精。

(二)人工采卵

若 10 月开始控光,亲鱼 12 月即可开始产卵,一直持续到翌年 2 月底。人工采卵期 2 个多月,开始卵量较少,卵质较差;而临近产卵末期,虽产卵量尚多,但大多数卵子过熟,浮卵率低,质量差,产卵间隙拉长,最后产卵陡然消失。其中较为稳定的产卵高峰期约为 1 个月左右,在此期间内可多次产卵,一般每尾鱼能产 2～8 次不等,每次排卵间隔为 2～4 天,每尾鱼的排卵量因鱼体大小和成熟度而异,一般每次能采卵 100 g 左右,成熟好的可采 200～300 g。人工挤卵授精的方法为:选择发育完全成熟的亲鱼,用手顺生殖腺由后向前分别挤成熟卵和精液。挤精、卵时用力要适度均匀。当卵子达到一定数量时(200～300 g),将精子加入少许海水稀释,然后倒入成熟的卵中,边倒边搅拌,并不断加入海水,静置 10～15

分钟,用 80 目筛绢过滤出,用过滤海水冲洗受精卵以洗去污物和多余的精液。将滤出的受精卵放入盛有干净海水的 2 000 mL 量筒中,静置 20 分钟左右,然后将上浮的成熟卵计数后倒入孵化容器中孵化,一般每毫升大菱鲆鱼卵为 1 000 粒左右(见彩页图 15)。若按重量法计数,每克卵为 1 200～1 300 粒。

四、受精卵孵化

(一)孵化容器

可用小型玻璃钢水槽,或在大型水泥池内吊挂 0.5～1 m³ 网箱,或孵化后期直接在水泥育苗池中进行。

(二)放卵密度

放卵密度应根据水质条件和换水状况确定,如能流水孵化,密度可以适当高些,如静水充气孵化,密度需适当低些。一般可在 1 m³ 水体中放置受精卵 50 万粒左右。

(三)水环境要求与管理

孵化应使用砂滤水,水质要好,最好先经过紫外线消毒。所用海水如重金属含量高,用 EDTA 加以络合。孵化适宜水温为 13 ℃～15 ℃,不同水温条件下所需孵化时间不同,当水温为 13 ℃时,约需要 116 小时孵化,而 15 ℃时需经约 96 小时;溶氧量要求达到 6～9 mg/L 以上;pH 要求在 8.0～8.6;孵化时水槽上方要遮光,防止太阳光直射。

孵化期间要微流水、微充气,孵化期间每日还要数次虹吸出下沉的死卵以确保水质清洁,虹吸出的卵放在水中静置,将其中上浮卵再捞回继续孵化;若是静水孵化,可每天换水,且须换入等温新水。

五、苗种前期培育

将大菱鲆由 2.5 mm 初孵仔鱼培育到 20 mm 变态伏底稚鱼的过程,需 30 天左右。

(一)育苗设施

大菱鲆工厂化苗种培育设施,据养殖单位条件可选择不同规格水泥池或大型玻璃钢水槽为容器,但以水交换、控温、供气条件易于调节管理为前提。

1. 育苗池(槽)

仔、稚鱼培育池有圆形、八角形水泥池或玻璃钢水槽,水深一般在 60～120 cm,

底部向排水口处有一定的坡度,可达 3% 左右,以利排水。为了确保仔鱼获得良好的培育环境和便于操作管理,一般使用 $10 \sim 20 \, m^3$ 中小型水泥池或玻璃钢水槽比较适宜,但也有用 $50 \sim 100 \, m^3$ 的大型水池。

2. 水处理设施

目前育苗多采用开放式的水循环系统,常用的水处理设备仅包括沉淀池、砂滤池(罐)、高效滤芯装置、紫外线消毒器等。

3. 充气设施

充气设备主要用罗茨鼓风机,一般水深在 1.5 m 以下,要选用风压 $0.30 \sim 0.35 \, kg/cm^2$ 的风机,对 $1\,000 \, m^3$ 水体以下车间,风量可选用 $7 \sim 10 \, m^3/min$;$1\,500 \sim 2\,000 \, m^3$ 水体,可选 $15 \sim 20 \, m^3/min$ 风量的鼓风机。与鼓风机相连的是送气主管道,通往各池分支送气管道和塑料软管、散气石及控气阀门等形成的通气网络。散气石多是由 $100 \sim 140$ 号金刚砂铸制成的圆柱状,以调节成雾状小气泡增氧,也可采用纳米气石充纯氧,提高充氧效率。

4. 加温设施

北方地区,大多数育苗池和卤虫冬卵的孵化池及饵料培养池均需加温设备。另外,秋季或转季节育苗亦需加温。加温包括空气加温和水体加温。

空气加温多使用锅炉暖气或暖风机,目前水体加温的方法大致有两种,一是燃煤或燃油锅炉加温,一般 $1\,000 \, m^3$ 水体育苗车间配 1 吨锅炉即可;另一种是电加热器升温,多用于卤虫孵化,以前者较为经济。用锅炉加温的方法是在池内架设加温盘管,管径一般为 $5.08 \sim 7.62 \, cm$ 的无缝钢管,外涂以无毒防锈涂料或用无毒塑料薄膜(如 PE)缠绕,也可用钛金属管,因其热交换效率高。锅炉蒸汽或热水通过盘管使池内水温上升,但育苗室内的孵化池、仔、稚鱼培育池最好不用盘管,以免损伤苗种,并会造成吸污及苗种出池不便,故一般需设预热调温池,可设置两个或多个,以便轮换使用。

（二）布池密度

初孵仔鱼的布池密度高者可达 1.0 万尾/立方米,目前以 0.5 万尾/立方米左右为宜。可一直培育到变态伏底,若前期成活率高,密度过大,可在伏底前分苗。

（三）培育环境及管理

1. 环境要求

培育用水一般用经二级砂滤的洁净海水,最好经紫外线消毒。

（1）水质。水中的溶解氧要求在 $6 \sim 9$ mg/L。pH 的安全范围为 $5 \sim 9$，最适 pH 为 $7.8 \sim 8.2$。其他有害物的安全范围是 $COD < 2$ mg/L、$NH_3 < 0.01$ mg/L、$NO_2 < 0.1$ mg/L、$NO_3 < 100$ mg/L。还需注意水的浊度，水体中的颗粒物质如果高于 15 mg/L，就很容易引起鱼苗窒息而死亡。

（2）水温。仔鱼适应最高的水温是 $24 ℃ \sim 25 ℃$，培苗水温为 $13 ℃ \sim 22 ℃$，一般初孵仔鱼水温为 $13 ℃$ 左右，然后逐渐升温至 $18 ℃ \sim 20 ℃$，以后一直保持在 $18 ℃ \sim 20 ℃$。

（3）盐度。所用海水盐度要稳定，在 $20 \sim 40$ 的盐度范围内鱼苗较为适应，最佳的生长盐度为 $20 \sim 25$。

（4）光照。光照影响食物的摄入，从而影响培苗的成活率。延长光周期，能使仔鱼的生长速度加快。培苗初期对光照要求不高，即使在黑暗条件下也能摄食，而从变态早期开始，则需要较强的光照，可使用日光灯提供人工光源。前期饲育时光照强度以 $500 \sim 2\,000$ lx 为宜，光照太强时，尤其是在直射光下，仔鱼会变得很虚弱，且藻类在池中易过量繁殖，水池上方需要用遮光帘遮光。

2. 培育管理

（1）水交换。5 日龄之内的仔鱼，水体的交换量不足，对其成活率不致产生影响；5 日龄之后，则应加大换水量或尽早进行流水培育。换水量应根据仔鱼的游泳能力、饵料的流失情况、水温及水质状况而定。以前育苗的做法，一般静水饲育 $5 \sim 10$ 天，开始只加半池水，以后几天加水，加满池水后要根据水质情况每天换水 $1/5 \sim 4/5$，每天换水 $1 \sim 2$ 次，以后逐渐加大换水量。而后开始流水饲育，水交换率前半期 $0.5 \sim 1$ 个流量／天，后半期逐渐增加为 $2 \sim 4$ 个流量／天。现在多采用全程流水培育法。

（2）充气。小型水池平均 $1 \sim 2$ m² 池底一个气石，大中型池平均 $2 \sim 3$ m² 池底一个气石。开始充气要微弱，随着仔鱼的生长逐渐加大充气量。一般第 $5 \sim 10$ 天的仔鱼，每立方米水体，每小时最佳充气量为 30 L，而后逐渐提高充气量，直至每立方米水体每小时充气 60 L。

（3）池子清污与倒池。苗种培育时，池底会聚集很多污物残饵，水表面也会因投喂饵料而产生油膜，要及时清除，否则会影响到仔鱼的生长和存活。池底清污的方法采用虹吸法，先停水、停气，在排水沟放一水槽，水槽内放一小网箱，用吸污器把污物等虹吸到小网箱中，同时须回收吸出的健康仔稚鱼。以前育苗的做法，通常在仔鱼孵化后第 6 或第 7 天开始，每天或隔天吸污一次，开始投喂配合饵料后需每天吸污 $1 \sim 2$ 次。水表面的油膜则须随时刮除或舀出。现在一般 25 天之前不清底，25～30 天将鱼苗一次性倒入新池中，便于鱼苗顺利伏底，倒池后应每天吸底。

（四）饵料及投喂

1. 育苗的饵料系列

育苗的饵料一般为轮虫→卤虫无节幼体→干性颗粒配合饲料。大菱鲆仔鱼在孵化后第 3～4 天开口，轮虫作为开口饵料，一般在孵化后第 4 天开始投喂，可日投喂 1～4 次，开始投饵量以 0.2～0.5 个 / 毫升水体为佳，且下次投喂前水体中轮虫仍有剩余，可持续到孵化后 20～25 天鱼苗褪色前后。在投喂轮虫期间，育苗池中要添加适量的小球藻或金藻充当轮虫的饵料，并能改善水质，调节光线，也可使用商品浓缩藻液。第 10～15 天开始投喂卤虫无节幼体，可日投喂 1～4 次，投喂量可由开始的 0.1～0.2 个 / 毫升，逐步增加至 0.5～5 个 / 毫升。卤虫无节幼体投喂可持续到孵化后 50～55 天。从第 20～25 天开始驯化投喂干性颗粒配合饲料。孵化后第 25 天前颗粒饲料的粒径为 250～400 μm；100～150 mg 体重的仔稚鱼，饵料粒径应为 400～600 μm；500 mg 以上时，饵料粒径应达 700～800 μm。微颗粒饲料容易被表层水流迅速分散，超量投喂只有少量被食，而大多数会沉底污染水质，并造成饲料浪费，所以一般都采用"少投勤投"的方法，即日投喂 10～12 次，在投喂生物饵料的间隙投喂。配合饲料可一直投喂至出池。另外也可在稚鱼伏底后投喂卤虫成体。

2. 生物饵料的营养强化

到目前为止，生产上尚无完全使用微颗粒饲料喂养早期仔稚鱼的先例，一般初期饵料仍普遍使用活体动物饵料（轮虫和卤虫无节幼体）。但轮虫和卤虫无节幼体自身的营养不足，若长期单独投喂，会因 $\omega 3$ 高度不饱和脂肪酸和维生素的缺乏造成鱼苗体弱多病，色素异常（如白化等），死亡率升高。为了提高仔鱼的活力，防止体色和形态异常，培育健全苗种，轮虫、卤虫幼体在投喂前需用二十碳五烯酸（EPA）和二十二碳六烯酸（DHA）含量高的单胞藻（如：金藻）进行营养强化或添加强化剂强化，以增高其 EPA 和 DHA 等 $\omega 3$ 高度不饱和脂肪酸的含量。这对防止大菱鲆体色异常是非常重要的，同时也使苗种的成活率得以提高。轮虫使用 2 000 万～3 000 万细胞 / 毫升的小球藻液，再加入轮虫专用强化剂和适量抗菌药物进行充气强化，也可单用强化剂强化，强化密度一般为 3 亿～10 亿轮虫 / 立方米水体；卤虫则使用卤虫专用强化剂充气强化，强化密度为 1 亿～3 亿卤虫 / 立方米水体，常用强化剂有鱼油、康克 A、AlgaMac-3050、AlgaMac-3080、

裂壶藻 *Schizochytrium* 等,使用方法可参照产品说明。

六、苗种后期培育

苗种后期培育指鱼苗从底层生活全长 20 mm 开始至全长 50～60 mm 的饲育过程。

(一)育苗池

后期饲育中,使用两种水池,一种是仍然使用前期饲育所用的水池,另一种是在稚鱼变态伏底阶段,移入后期培育水池。水池的选用也要根据各场的实际情况而定,一般用 30～40 m² 水池为宜,大型水池也有 100～200 m³。池子高度为 0.6～1.0 m,水位为 20～40 cm 即可。

(二)放养密度

饲育密度与水的交换量有密切关系。

全长 1.8～2 cm 稚鱼	0.4 万～0.6 万 / 米²,流水 3～4 个循环 / 天
全长 2.1～3 cm 稚鱼	0.3 万～0.5 万 / 米²,流水 4～5 个循环 / 天
全长 3.1～5 cm 稚鱼	0.1 万～0.2 万 / 米²,流水 6～7 个循环 / 天

具体放养密度要根据水质、换水能力、使用饵料种类等来确定。

(三)培育环境与管理

1. 环境要求

一般使用砂滤水,要特别注意保持良好的水质。投饵量要适宜,尽量不要有残饵,以免败坏水质。水中的氨氮浓度 < 0.1 mg/L。溶解氧 > 5 mg/L。水温在 14 ℃～20 ℃范围内稚鱼生长存活良好,一般保持 18 ℃～20 ℃为宜。其他环境因子与前期培育基本相同。

2. 培育管理

循环流水培育,循环量见前述;保持持续较大充气;池底残饵、排污物等沉积物需要及时清除。倒池后需每天用吸污器清底,后期水流量较大时可不用清底,但每池需配备长杆捞网以清除死鱼。

(四)饵料及投喂

稚鱼变态伏底后,除继续投喂一段时间卤虫幼体外,主要以配合饵料为主,每天投喂 8～6 次不等。随着稚鱼的生长应及时更换饵料的粒径,并掌握好投饵时间和投饵量。这样可以缩小鱼苗个体大小的差异,提高稚鱼的生长速度。

(五)鱼苗分选

3 cm 的鱼苗,可进行第一次分选,4～5 cm 可再分选一次。可在浅玻璃钢水槽上放置网框,进行流水手工分选,剔除畸形、病鱼,挑出白化个体,并将鱼种分为大、小或大、中、小三种规格分池培育。分选作业前要停食,且最好在 20 ℃以下进行,高温不宜分选、倒池,且应注意分选后及时药浴。

鱼苗在 18 ℃～20 ℃,经过 2.5～3 个月的培育,全长可达 5～6 cm(体重 2.2 g～3.7 g),即可作为商品苗出售或直接进入养成阶段。

七、大菱鲆苗种培育的几个问题

(一)大菱鲆优质受精卵的获得

大菱鲆在人工饲养的条件下,能够达到性成熟,但是,很难在人工条件下达到自行产卵受精,只能采取人工挤卵授精的方法,这给育苗生产带来一定的困难,制约了育苗量和成活率的提高。目前多采用人工催产的方式获得优质受精卵。

(二)大菱鲆体色异常

大菱鲆与牙鲆等鲆鲽类一样,在人工育苗中常出现高比例的体色异常鱼,主要是有眼侧色素发育不良出现变白现象,称为"白化"。有时无眼侧出现黑褐色色素,称为"黑化"。两者有时同时发生。决定"白化"发生的阶段为仔鱼全长8～10 mm。大菱鲆"白化"的致因,营养是主要因素,即饵料中的高度不饱和脂肪酸、卵磷脂和脂溶性维生素 A 的含量不足是引起白化的主要原因。当饵料中缺乏这三种物质时,在仔鱼变态期间,成体色素细胞不能在表面正常形成。

防除方法:可以在仔鱼全长 8～10 mm 时投喂天然浮游动物、配合饵料等有预防白化效果的饵料,轮虫、卤虫幼体投喂量充足,且须充分营养强化后再投喂,水温保持稳定,保证充足的换水率。

(三)大菱鲆的"危险期"与鳔器官的发育

大菱鲆育苗的成活率一般要低于其他经济鱼类,从初孵仔鱼至 50 毫米鱼苗,以前只有 5%～10%,近年有所提高,但通常也仅在 20%～30%,个别高者能达到 60%～70%,盖因为大菱鲆仔稚鱼存在 5 个"危险期":

(1)开口初期:死亡率为 10%～20%。与初孵仔鱼质量和操作有关。

(2)孵化后第 8～12 天:死亡率为 60%～80%,有时几乎 100% 死亡。与开鳔是否正常、环境条件和饵料质量有关。

（3）孵化后第16～18天：死亡率为10%左右。可能正处于开始变态期，与饵料质量、环境条件以及操作等因素有关。

（4）孵化后第22～25天：死亡率有时很高。可能与变态深入发展、内部结构调整频繁或环境恶化有关。

（5）孵化后第33～35天：开始伏底，进入变态高峰期。

"危险期"成活率的高低除了与水质、饵料数量和质量、操作管理有一定关系外，还与受精卵质量及初孵仔鱼质量等有关，尤其是大菱鲆苗死亡的最高峰期在孵化后第8天左右的开鳔期，死亡率有时高达60%～80%。

大菱鲆的鳔器官只存在于仔、稚、幼鱼期。鳔器官发育的成功与否是育苗成败的关键因素之一。因为鳔器官可以看作大菱鲆的仔稚鱼的脊柱和胃之间的一个气垫，提供了向背部和向腹部的压力，确保仔鱼的正常发育。鳔器官发育异常可导致仔稚鱼死亡。发育早期，如仔鱼的开鳔率低，则死亡率高达90%以上，甚至可能导致全军覆没。异常鳔器官的发育有两种情况：一是鳔泡不充气，鳔内无气体；二是鳔过量充气，造成鳔的过度膨胀。前者仔鱼不能继续发育，后者容易引发脊柱弯曲等畸形症状。所以在大菱鲆育苗中，鳔器官的发育和消失显得异常重要。要提高育苗成活率，必须提高开鳔率。

1. 鳔器官的发育和退化

在水温14℃以下，大菱鲆初孵仔鱼的消化管呈直管状，鳔原基不能辨别。孵化后第2天鳔的形成开始，孵化后第5天，可观察到鳔管，开口于贲门部。第8天鳔器官首先充气，至第19天大部分仔鱼鳔中充满气体，气腺最发达。孵化后第25天，鳔前端的气腺上皮细胞退化，只余腹部的气腺上皮。孵化后第47天，气腺上皮完全消失，幼体开始营底栖生活。至第63天，鳔器官完全消失，幼鱼开始转入底栖生活。大菱鲆仔稚鱼发育异常的鳔器官通常比较小。在未充气的鳔器官中还发现有中等程度的炎症。

2. 提高开鳔期成活率的技术措施

（1）控制充气量和水流量。可以在开鳔期，采取微弱充气，充气量控制在100 mL/min以下，控制水流的强度和换水率，保持环境稳定，保证仔鱼能够顺利开鳔。

（2）加强亲鱼的强化培育，提高卵子的质量。

（3）保证仔鱼饵料的营养价值。目前海水鱼类仔稚鱼的饵料，主要为轮虫和卤虫无节幼体。其二十碳五烯酸（EPA）和二十二碳六烯酸（DHA）的含量很低，易造成仔鱼活力下降,鳔的开腔率降低。因此我们可以采用 EPA 和 DHA 含量高的单胞藻或鱼油来强化培养轮虫和卤虫无节幼体,使 EPA 和 DHA 含量增高。

（4）清除水表面的油膜。投喂鱼油强化后的轮虫或卤虫无节幼体,以及全价配合饲料,在水的表面往往形成一层油膜,因此,可采用水面油膜清除装置去除水表面油膜,也可用水舀撇去水面油膜或用泡沫块刮除。

（5）采用激素处理。给亲鱼注射或服用甲状腺素,可以提高后代仔鱼鳔的开腔率和成活率。另外亦可采取用甲状腺素溶液浸泡受精卵,提高卵中甲状腺素含量,而使仔鱼鳔的开腔率和成活率得到有效提高。

（四）大菱鲆育苗期的主要病害及防治

整个育苗期间可定期使用抗生素结合微生态制剂防病,一旦出现鱼病需及时对症治疗。

1. 纤毛虫病

纤毛虫病由指状拟舟虫感染引起,病鱼感染初期腹部发白,后期头部及腹部充血发红,失去活力,该病发展很快,2～3 天可致整池鱼苗死亡。可用 $100 \times 10^{-6} \sim 200 \times 10^{-6}$ 甲醛浸浴治疗。

2. 腹水病

腹水病由迟钝爱德华氏菌感染引起。症状为腹腔内有腹水,腹水呈胶水状。肝、脾、肾肿大且褪色,肠炎、眼球白浊、肾脏出现许多白点,慢性感染个体呈黑白两截,死亡率不高,可用四环素或强力霉素治疗。另一种由未知弧菌感染引起,发病早期鱼体灰白,胃肠内无食物,后期腹腔内充满血水,传染性很强且死亡率极高,很难控制,经常导致发病池鱼苗全军覆没,用链霉素加双氧水治疗有一定效果。

3. 链球菌病

链球菌病由链球菌感染引起,主要症状是眼球突出发红,继而发白坏死,吻端及鳃盖发红。大菱鲆育苗期患此病通常不会大量死亡。可用红霉素或强力霉素治疗。

4. 屈挠杆菌病（滑走细菌病）

其由屈桡杆菌感染引起,多由于鱼苗倒池或分选后受伤而发病。病鱼通常表现为尾鳍和胸鳍发红溃烂,死亡率不高。治疗方法是用尼富酸钠或抑菌净药浴,同时投喂土霉素或恩诺沙星药饵。

5. 弧菌病

弧菌病一般侵袭 5～6 cm 以上的商品苗种,由弧菌感染引起,病鱼表现为鳍边和肌肉溃烂出血发红,疾病传染性很强,死亡率较高。可使用甲醛加抑菌净药浴,同时投喂恩诺沙星药饵进行防治。

第三节 大菱鲆养成

大菱鲆养成目前主要有两种方式,即工厂化养殖(见彩页图 16)和网箱养殖。网箱养殖大菱鲆多见于国外,国内尚处在初试阶段。因为大菱鲆与牙鲆的生态习性相近,所以大菱鲆的网箱养殖可参照牙鲆的网箱养殖进行,只不过大菱鲆较牙鲆更不耐高温,因此应考虑解决的主要问题是养成期的渡夏和越冬问题。应选择水温最高不超过 23 ℃的海区。冬季直接在海上越冬尚需进行试验,一般应采取入室越冬,以利于继续生长。下面介绍工厂化养殖。

一、养殖场址选择

选择大菱鲆陆地养殖场址时,除了应考虑一般海水鱼类养殖场的建厂要求外,主要应重点解决水源问题:

要求海区水质清新无污染,溶氧量高,盐度相对稳定,无河流流入。其中最重要的是水温适宜,尤其是夏季水温不能超过 23 ℃。因此必须有相应的降温设施,如能打出地下海水井,利用恒温水(11 ℃～18 ℃)养殖则效果最佳。所以选址建厂之前必须首先打井,并将水样送至有关部门化验,井水的水温、盐度、溶解氧、氨氮、pH、化学耗氧量、重金属离子、无机氨和无机磷等水质理化指标,均需符合国家渔业水质标准后方可启用。

二、养殖设施

(一)养殖场厂房(车间)与养殖水池(槽)

国内大菱鲆的养殖一般使用大型玻璃钢瓦屋顶厂房和简易塑料大棚式屋顶厂房。前者较宽、高,投资较大;后者较低矮,上盖塑料大棚,在塑料大棚上再加盖保温草帘和遮光的黑色网片和防风网,用绳索系好。这种厂房造价低,但不耐用,需每年更换。厂房内建圆形或八角形水泥池,结构与育苗池基本相同,池子面积 20～60 m²,池深 0.8～1.0 m;每个池布设气石 6～12 个。

（二）配套设施

天然海水需经过滤消毒。过滤可采用重力式无阀滤池或普通砂滤池,普通砂滤池造价较低,但滤水速度较慢,且需要人工清污。消毒可用消毒剂消毒,还可用紫外线消毒器或臭氧发生器消毒。室外还应配有大型沉淀池、海水井、泵房、高位水槽(可兼作过滤池)、电动鼓风机、排水渠、集污池、备用发电机和锅炉房等。封闭式养鱼工厂尚需配备生物过滤池、调温池等设施。我国北方沿海工厂化养殖大菱鲆的最大特点是,利用海水井的恒温水(水温 11 ℃～15 ℃或 14 ℃～18 ℃),可有效避免夏季高温和冬季低温的威胁,达到全年运作,连续生产。而且地下海水一般很清洁,不用砂滤,同时各种病原体也很少,因此也无须消毒。但是地下井水溶氧量一般很低,故须设立曝气装置,使井水在入池之前溶解氧达到饱和状态(7～8 mg/L),否则对生长不利,且容易引发疾病。考虑到降低电耗,只要地下水水层允许,应尽量选择轴流泵,其次是离心泵。潜水泵耗电、易损,是最后选择。

三、苗种选择与运输

入池养成的苗种,要求规格至少在 5 cm 以上,体态完整,无残伤,无畸形,健壮活泼,大小均匀,体色为正常的"沙色"。尽量淘汰白化苗和黑化苗。

苗种一般采用塑料袋打包装运。在运输之前,要停食降温,运输水温以 7 ℃～8 ℃为宜。在运输距离较远时,可在袋中加入土霉素等药物以防鱼苗感染。包装的程序是,首先在袋内加注 1/5～2/5 的砂滤海水,然后放苗、充氧、打包,再封装入泡沫箱中。如全长为 10 cm 以下的苗种,每袋可装 100 尾左右。解包入池时,温差要求不超过 ±2 ℃,盐度差在 5 之内。

为预防鱼苗入池后发病,可用 25 mg/L 的土霉素连续药浴 3 天,1～2 次/天,1～2 小时/次;同时可投喂土霉素药饵,用量为每天每千克鱼体重用土霉素 120 mg,连续投喂 7 天。还可在饵料里添加鱼油(20 mL/kg 饲料)和维生素 C(10 g/kg 饲料),以提高预防效果和增强抗病能力。

四、苗种放养

放养密度与饲养条件、水质、换水量等密切相关,以单位面积放养苗种的体重来表示。目前我国一般个体重在 10 g 以下的鱼苗,放养密度为 2 kg/m² 以下;10～50 g 的鱼种,放养密度为 2 kg/m²;50～100 g 的鱼种,放养密度为 5～7 kg/m²;600～800 g 的个体,放养密度为 10～20 kg/m²。在工厂化养殖的条件下,6 cm 以上的鱼种,可以 100～150 尾/平方米的密度入池养成,随着苗种的生长而逐步降低放养密度,最终养成密度约为 30～60 尾/平方米,15～30 kg/m²。

五、饲料及投喂

(一)饲料种类及配方

国内有少数养殖场直接投喂鲜杂鱼,生长效果尚可,但是易污染水质。目前多数养殖场采用粉料与鲜杂鱼混合加工成不同粒度的湿性颗粒饲料。主要配方为:鲜杂鱼 50%,鱼粉 35%,花生粕和豆粕 5%～10%,添加剂 3%,其他添加料 2%。自制饲料要注意淀粉的含量不能超过 20%,生豆饼不能使用,选用的鲜杂鱼主要是沙丁鱼、玉筋鱼、竹筴鱼、鲐鱼等,鲜度差、冷藏时间长的不宜使用。使用自制湿性饲料,有时会由于鲜度达不到要求而暴发鱼病。目前国外大菱鲆养成全部使用干颗粒饲料,平均饲料系数一般低于 1.1。而且生长速度很快,8 个月内可长到 500 g。国内有些厂家也开始在整个养成过程中试用全价配合干性颗粒饲料,这是今后应该提倡的发展方向。

(二)饲料投喂

鱼体长 10 cm 之前一般以投喂干配合饵料为主,每日投喂 4～6 次,随着体重的增加应逐渐减少投喂次数,并增大投喂饲料的粒径。10 cm 之后开始投喂自制湿性颗粒饲料。鱼体重在 100 g 以上时,以湿性颗粒饲料为主,日投喂 2 次,日投喂量一般为鱼体重的 2%～3%,以饱食率的 80%～90% 为准。也可全程投喂干配合饵料(表 5-2 和表 5-3)。

表 5-2　大菱鲆养成期间日投喂量(%;雷霁霖,2005)

体重(g)	养殖水温(℃)						
	11～12	13～14 (春天)	13～14 (秋天)	14～15 (春天)	14～15 (秋天)	17～18	19 以上
10	1.00	1.07	1.39	1.32	1.77	1.78	1.95
50	0.64	0.71	0.83	0.85	1.04	1.06	1.09
100	0.52	0.59	0.67	0.71	0.83	0.85	0.85
200	0.43	0.49	0.53	0.59	0.66	0.68	0.66
500	0.33	0.39	0.40	0.46	0.49	0.51	0.48
1 000	0.27	0.32	0.32	0.38	0.39	0.41	0.37
5 000	0.25	0.29	0.28	0.34	0.34	0.36	0.32

表 5-3　大菱鲆配合饲料颗粒的粒径大小(雷霁霖,2005)

鱼平均个体重(克/尾)	饲料粒径(mm)	鱼平均个体重(克/尾)	饲料粒径(mm)
2.5~4	25% 1.0~1.5 + 75% 1.5~1.8	22.5~25	25% 2 + 75% 3
4~5	50% 1.5~1.8 + 50% 1.5	25~45	3
5~6	25% 1.5~1.8 + 75% 1.5	45~47.5	50% 3 + 50% 3.5
6~10	1.5	47.5~50	25% 3 + 75% 3.5
10~11	50% 1.5 + 50% 2	50~75	3.5
11~12	25% 1.5 + 75% 2	75~77.5	50% 3.5 + 50% 4.5
12~20	2	77.5~80	25% 3.5 + 75% 4.5
20~22.5	50% 2 + 50% 3	80~82.5	4.5

六、水环境与管理

(一)水环境要求

(1)水温:大菱鲆的养殖水温在 13 ℃~23 ℃为较好,大菱鲆较能耐低温,但对高水温不适应,尤其是 2 龄以上的鱼,夏季水温过高,大菱鲆的抵抗力会降低,易得病甚至死亡。因此,避免夏季水温过高是养成工作的重点。

(2)盐度:大菱鲆为广盐性鱼类,在盐度为 20~40 的范围内均能正常生活。

(3)pH:要求为 8.0~8.6。

(4)溶解氧:池水中溶氧一般以 6 mg/L 以上为佳。

(5)光照:一般在 1 000~5 000 lx。光线强时需进行遮光。

(二)水质管理

水质主要是通过持续充气和换水来调节,换水量要根据放养密度及供水情况等进行综合考虑。一般保持在 5~15 个循环/天为佳。每天在投喂后的半小时进行清池,此时要拔开排污管,使池水快速旋转,同时用长柄软毛刷,沿池边向中心推刷污物和残饵,使之随着水流迅速排出池外。还要除去覆盖在水面上从饵料中析出的脂肪形成的膜。

每天从 6:00~22:00,每隔 2 小时测量水温 1 次,做好记录,尽力使温差控制在 0.5 ℃以内。有条件的厂家最好每天进行溶解氧、盐度、pH、硫化物含量、氨氮浓度等项目的检测,以便正确指导养殖水质的管理。

七、苗种分选

大菱鲆虽然很少发生互相残食现象,但由于饵料适口性不一样,常造成小个体鱼种因摄食能力较差而生长缓慢,所以养殖期间,应对个体大小相差悬殊的鱼种进行分选,以便于促进其生长和提高成活率。分选操作可参照牙鲆进行。

八、养成生长与成活率

(1)生长情况:大菱鲆鱼种,在体重 100 g 之前,身体的长度增长较慢,但日增重率较快;在 100 g 之后,体重的增长速度明显加快,平均的日增长速度为 4.28 克/日,最高的日增重速度可达 18 g 以上,其中第一年的日平均增重速度在 2.23 g 以上,第二年的日平均增重速度达 6.84 g。根据养殖经验,大菱鲆饲养 250 天,平均个体重可达 500 g 左右,饲养 390 天左右,个体重达 1 000 g 左右;饲养 520 天,个体重达 2 000 g 左右;饲养 600 天,个体重达 2 500 g。但大菱鲆同期鱼种的生长速度差异也很大,饲养 247 天,平均个体重达 693 g,最大个体为 820 g,最小个体为 300 g。饲养 613 天的成鱼,最大个体可达 4 300 g,而最小个体仅 550 g。

(2)成活率:死亡高峰期主要出现在前 6 个月,当体重超过 150 g,死亡率会大大减少。

九、日常管理

(1)各个养成池最好配备专用工具,在使用之前要严格消毒。

(2)工作人员在出入车间和入池之前,要对所用的工具和水靴进行消毒。每天工作结束后(19:00 左右),车间的外池壁和走道也要消毒。

(3)白天要经常巡视车间,检查气、水、水温和鱼种有无异常情况,并及时排除隐患,晚上要有专人值班。

(4)及时捞出体色发黑、活动异常、有出血、溃疡症状的病鱼,放入小池中观察和单独施药,待伤病痊愈后再放回大池。经常镜检不正常的鱼,及时发现病鱼,并采取防治措施。

(5)定期施药预防,每隔半个月可用土霉素等药物药浴 3 天,1 次/天。

(6)每月测量一次生长情况,统计投饵量和成活率,综合分析养成效果。

(7)总结当天工作情况,做好值班记录,并列出次日工作内容。

第六章
半滑舌鳎繁育生物学与健康养殖

半滑舌鳎 *Cynoglossus semilaevis* Günther 为我国近海常见的大型底栖鱼类，最大可达 3 kg。该鱼终年栖息于近海底层中，为渤海湾特产之一。由于半滑舌鳎无远距离洄游，具有适宜盐度广、适应温度范围宽、食物层次低、食性广等特点，在比目鱼类中占有重要的地位，是近海增养殖的主要对象之一。

半滑舌鳎鱼体肥厚、肉质鲜美，为我国传统名贵鱼种，"春花秋鳎"中的"鳎"就是指舌鳎。近年来，其日益受到国内外市场的青睐，目前国内市场活鱼的售价达 120～140 元/千克。

在人工培育条件下，半滑舌鳎可以自然产卵，苗种培育成活率高达 30％以上，有利于开展苗种的人工培育生产。半滑舌鳎适应性强，生长速度快，6 cm 的苗种经过一年的生长，体重可以达到 500 g 左右，开展人工养殖具有广阔的前景。

第一节　半滑舌鳎繁育生物学

一、分类、分布与形态特征

半滑舌鳎又名半滑三线舌鳎，隶属于鲽形目 Pleuronectiformes 鳎亚目 Soleoidei 舌鳎科 Cynoglossidae 舌鳎亚科 Cynoglossinae 舌鳎属 *Cynoglossus* 三线舌鳎亚属 *Areliscus*。英文名：Tongue sole。俗称龙力、舌头、牛舌、鳎板、鳎米、鳎目、鞋底鱼。

半滑舌鳎为我国名贵的地方性经济鱼类，分布于中国、朝鲜、日本近海和俄罗斯远东海域。我国黄海、渤海、东海、南海沿海均有分布，以渤海、黄海为多，在辽宁、河北、山东、浙江等地沿海均可采集到，为我国 25 种舌鳎属种类中个体最大的优良鱼种。

半滑舌鳎体型不对称,侧扁,呈舌状;雌雄大小差异大;头短、尾小、中厚、内脏团小;眼小,左侧位;口弯曲呈弓状;有眼侧体褐色或暗褐色,有点状色素体,无眼侧光滑,乳白色;有眼侧具栉鳞,无眼侧圆鳞或杂有少量弱栉鳞;有眼侧三条侧线(中央及两侧鳍基部),无眼侧无侧线(图6-1)。

雌鱼

雄鱼

图6-1 半滑舌鳎

二、生态习性

半滑舌鳎属暖温性的近海底层鱼类,对环境的适应性较强。其生活适温范围为3 ℃～32 ℃,7 ℃时停止摄食,最适生长温度范围20 ℃～26 ℃;适宜盐度10～35,最适生长盐度15～25;pH 8.0～8.3;DO 6～8 mg/L,低于4 mg/L时生长减慢。

半滑舌鳎游动少,生性懒惰,行动缓慢,喜埋栖于海底泥沙中;性情温顺,无互残现象;觅食时不跃起,而是匍匐于水底摄食。

其在自然海区主要摄食底栖虾蟹类、小型贝类、沙蚕等饵料;人工培育时可摄食轮虫、卤虫幼体、卤虫成体、配合饵料等饵料;仔稚鱼具有一定的摄食节律,其摄食高峰由中午→黄昏、夜间,变态后稚鱼为18:00、24:00,可延续到次日6:00,主要依靠视觉和嗅觉(夜间摄食)。

半滑舌鳎雌雄个体差异大,雌鱼最大全长820 mm,14龄,雄鱼最大全长420 mm,9龄。2～3龄生长速度最快,2龄雌鱼体重可达1 000 g,雄鱼则仅有250～350 g。

三、繁殖生物学

半滑舌鳎的性成熟年龄为3龄,自然海区繁殖群体中以全长210～310 mm的个体占优势。

亲鱼秋季产卵,产卵期为9月下旬至10月中旬,黄渤海相差约半个月;人工培育条件下,产卵期在9月中旬至11月上旬,盛期为9月下旬至10月下旬,40～50天,比自然海区延长20天,且开始时间较早,现在通过人工光温调控可提前至7～8月繁殖,甚至可以提前到早春繁殖。

产卵亲鱼集群性不强,产卵场分散于河口附近,水深8～15 m。自然海区雌雄性别比例随性腺发育发生明显变化,产前7月中旬至8月中旬为4:1,8月中下旬为 2 : 1，近产卵期为 1.2 : 1 ～ 1.6 : 1。

半滑舌鳎多在晚上 20 : 00 ～ 23 : 00 产卵，亲鱼先出现发情追逐行为，雌鱼不断游动后静卧，雄鱼冲撞雌鱼头部、腹部，然后潜入其体下，抖动身体，雌鱼产卵、雄鱼排精。

雌、雄鱼性腺差异非常悬殊，雌鱼发达，雄鱼极度退化（图 6-2），成熟雄鱼精巢仅为雌鱼卵巢体积或质量的 1/900 ～ 1/200；体长 560 ～ 700 mm 的个体，卵巢重约 100 ～ 370 g，相对怀卵量 92 200 ～ 259 400 粒 / 千克，多为 150 000 粒 / 千克。

图 6-2　半滑舌鳎雌、雄亲鱼

半滑舌鳎产卵生态类型为分批成熟、多次产卵，产出透明的分离浮性卵，卵子含有 97 ～ 125 个油球，卵径 1.18 ～ 1.31 mm，油球径 0.04 ～ 0.11 mm。

四、发育生物学

（一）胚胎发育

在水温 22.4 ℃ ～ 24.0 ℃，盐度 32 条件下，半滑舌鳎的胚胎发育历时约 40 个小时（表 6-1）。

表 6-1　半滑舌鳎胚胎发育时序（水温 22.4 ℃ ～ 24.0 ℃；雷霁霖，2005）

受精后时间	发育时期
0 h 35 min	胚盘形成
1 h 30 min	2 细胞期
1 h 45 min	4 细胞期
2 h 10 min	16 细胞期
2 h 50 min	32 细胞期
3 h 50 min	多细胞期
4 h 40 min	高囊胚期
6 h 30 min	低囊胚期
15 h 00 min	胚盾形成
17 h 00 min	胚体雏形
22 h 44 min	原口关闭
26 h 10 min	心脏跳动、脑分化

续表

受精后时间	发育时期
28 h 45 min	胚体绕卵黄 4/5，脑分化为 3 部分，晶体形成
30 h 00 min	头部抬起脱离卵黄，脑分化为 5 部分，心脏拉长，晶体暗褐色
36 h 25 min	胚体包围整个卵黄，且不停扭动，各鳍分化完善
38 h 40 min	卵膜失去弹性，胚体头端出现一圈孵化腺，胚体在膜内不停扭动
39 h 50 min	仔鱼开始孵化
41 h 00 min	仔鱼全部孵化

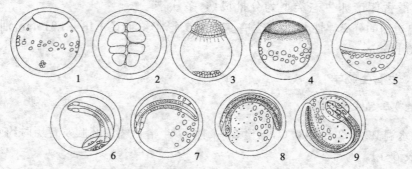

图 6-3　半滑舌鳎的胚胎发育（万瑞景，2004）

1—受精卵；2—8 细胞期；3—多细胞期；4—低囊胚期；5—原肠中期，外包 1/2；6—原口即将关闭；7—原口关闭，克氏泡形成；8—胚体绕卵黄囊 3/5；9—即将孵化

（二）胚后发育

在水温为 24 ℃～22 ℃，盐度 30～32 条件下，半滑舌鳎胚后发育过程（图 6-4）：

初孵仔鱼，全长为 2.5～2.7 mm，卵黄囊长径为 1.14 mm，短径为 0.79 mm，直肠形成，肛门前位，肛前距为 1.24 mm；2 日龄仔鱼，全长为 4.9～5.6 mm，冠状幼鳍出现；4 日龄仔鱼，全长为 5.7～6.2 mm，冠状幼鳍条出现，开口摄食；5 日龄仔鱼，全长为 5.8～6.3 mm，冠状幼鳍长为 1.10 mm，下颌出现两对绒毛齿；16 日龄仔鱼，全长为 9.3～10.8 mm，即将进入变态期；25 日龄稚鱼，全长为 10.7～15.8 mm，右眼已转移到体左侧，完成变态，冠状幼鳍缩为很短一段；29 日龄稚鱼，全长为 15.2～15.5 mm，冠状鳍条完全退化；50 日龄幼鱼，全长为 21.5～26.3 mm，外观除体色外与成体一致。

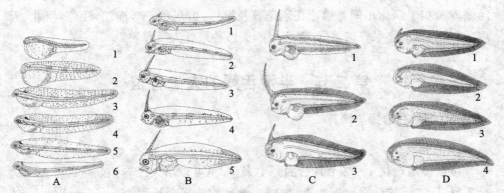

图 6-4　半滑舌鳎胚后发育（万瑞景，2004）

A-1—初孵仔鱼，全长为 2.56 mm；　　　　　　　A-2—孵化后 6 小时仔鱼；

A-3—孵化后 21 小时仔鱼，出现冠状幼鳍原基，全长为 4.60 mm；A-4—1 日龄仔鱼，全长为 5.03 mm；

A-5—1.5 日龄仔鱼；　　　　　　　　　　　　　A-6—2 日龄仔鱼，全长为 5.41 mm；

B-1—3 日龄后期仔鱼，全长为 5.44 mm；　　　　B-2—4 日龄后期仔鱼，全长为 5.68 mm；

B-3—5 日龄后期仔鱼，全长为 5.71 mm；　　　　B-4—6 日龄后期仔鱼，全长为 6.27 mm；

B-5—12 日龄后期仔鱼，全长为 8.06 mm；　　　　C-1—18 日龄稚鱼，背、臀鳍条形成，全长为 10.14 mm；

C-2—24 日龄稚鱼，左右两眼对称，全长为 13.42 mm；　C-3—25 日龄稚鱼，右眼开始移动，全长为 13.80 mm；

D-1—27 日龄稚鱼，右眼转到头顶，全长为 14.60 mm；　D-2—29 日龄稚鱼，右眼转到左侧，全长为 15.20 mm；

D-3—57 日龄幼鱼，鳞片开始出现，全长为 25.92 mm；D-4—79 日龄幼鱼，鳞片完全，全长为 30.36 mm；

五、养殖概况

半滑舌鳎为我国北方传统的名贵鱼类，分布很广，我国黄渤海、东海、南海海域均产，是黄、渤海海区常见的大型舌鳎，雌鱼的体长可达 80 cm、体重 2.5～3 kg。终年栖息于近海，无远距离洄游，具有适宜盐度广、温度宽、食物层次低等特点，在比目鱼类中占有重要的地位，是理想的近海增殖对象。自然条件下，由于半滑舌鳎性腺不发达，雌雄个体差异大，雄鱼数量少、个体小、生殖能力差，导致种群繁殖能力弱，形成不了大的鱼汛，历来不被列为捕捞对象。但是由于其个体大，味道鲜美，是海产鱼类中的珍贵品种，很受消费者喜爱，1 kg 以上的鱼数量少，价格昂贵。

中国水产科学研究院黄海水产研究所的研究人员，从 1978 年起，在渤海湾内进行半滑舌鳎的数量调查，1982 年调查渤海湾内半滑舌鳎的增养殖基础，并对半滑舌鳎的生殖习性、生长特点、早期形态发育进行研究，成功地进行了半滑舌鳎的人工授精孵化试验，掌握了半滑舌鳎的早期胚胎发育特征和形态特征。1987 年开始进行人工育苗的研究，2002 年莱州明波水产有限公司人工驯养的亲鱼开始产卵，并成功培育商品苗种 30 万尾，2003 年，养殖场人工驯养的亲鱼产卵，培育苗种近百万尾，为半滑舌鳎的人工养殖和增殖放流奠定了基础。目前半滑舌鳎的池塘养殖和工厂化车间养殖正在迅速普及推广,山东、辽宁、浙江、江苏、河北、天津、福建等省市海水养殖地区,都积极购买苗种进行人工养殖。

第二节 半滑舌鳎的人工育苗

一、亲鱼的选择与培育

1. 亲鱼选择

可以使用驯化 1～2 个月后的野生亲鱼,也可以用人工养殖亲鱼。亲鱼应选择 3 龄以上,雌雄性别比例为 1:2～3。雌鱼应选择全长为 45～55 mm 以上,体重为 1.8～2.5 kg 以上的个体;雄鱼应选择全长为 31～34 mm 以上,体重为 0.4 kg 以上的个体。

2. 亲鱼培育

(1)培育条件:亲鱼培育如图 6-5 和表 6-2 所示。培育密度为 2～3 尾/平方米或 2～3 kg/m²,水深为 80 cm,流水培育 2～5 个循环/天,连续充气,水温为 10 ℃～25 ℃,盐度为 30～33,pH 为 7.6～8.2,DO＞6 mg/L,光照为 100～500 lx。

图 6-5　半滑舌鳎池养亲鱼

(2)饵料:亲鱼可投喂鲜活贝肉、沙蚕、小虾蟹或湿颗粒饵料,日投饵率为 2%～3%(生鲜饵料)或 1%～2%(湿颗粒饵料),每日投喂 2 次。

表 6-2　亲鱼培育条件与方法

培育时期	水温(℃)	日换水率(%)	饵料种类	投饵率(%)	培育密度(kg/m³)	备注
越冬期(12～2月)	10～14	200	鲜贝肉杂虾	1～2	2～3	
饲育期(3～6月)	15～20	300～400	鲜贝肉杂虾	2～3	2～3	充气、遮光、流水培育
促熟期(6～9月)	20～25	300～400	鲜贝肉活沙蚕	3	2～3	
产卵期(9～11月)	25～23	300～500	活沙蚕	3	2～3	

(3)亲鱼光温调控强化培育。

饵料:采用优质活沙蚕、活贝肉,日投饵率为 2%～3%。

光温调控:17 ℃～18 ℃开始升温,每 10 天升 1 ℃,保持 14 小时光照→升至 22 ℃→再升至 25 ℃,降至 12 小时光照→再降至 23 ℃,即可产卵。

二、亲鱼成熟与采卵

经过 2～3 个月促熟,雌鱼性腺明显膨大,并沿身体腹缘不断延伸,当性腺长度 / 体长达 0.51 时开始自然产卵。可采用溢流排水法收集自然产出的受精卵,每日采卵 1～2 次,经分离去除死卵和杂质后孵化。也可对亲鱼进行人工催产授精获取受精卵,亲鱼对激素极为敏感,剂量较难以掌握。

三、孵化

受精卵孵化密度为 50 万～80 万粒 / 立方米,孵化水温为 22 ℃～24 ℃(20 ℃～26 ℃),盐度为 30～33(20～35),pH 为 8.0～8.2,DO＞5 mg/L,每 12 小时吸底一次,32～34 小时孵出。

四、苗种培育

1. 仔鱼布池

布池密度 1 万～1.5 万尾 / 立方米,布池时池中初始水量约为 3/5 池水。

2. 培育环境与管理

培育水温以 22 ℃～24 ℃为宜,盐度为 30～32,pH 为 7.9～8.2,DO＞5 mg/L,氨氮≤0.1 mg/L,光照＜500 lx;开始静水饲育,前 5 天逐渐加满水→6 日龄开始每天换水 10%→10 日龄每天换水 50%→20 日龄每天换水 100%→伏底后每天换水 200%～300%

3. 吸底

10 日龄开始吸底,伏底前 2～3 天吸一次,伏底后采取流水排污,可根据池底污染程度吸底。

4. 饵料系列

第 3～22 日龄投喂轮虫,第 12～50 日龄投喂卤虫幼体,50 日龄后投喂卤虫成体和配合饵料。投喂密度,轮虫为 5～10 个 / 毫升,卤虫幼体为 0.5～2 个 / 毫升,每日投喂 2～3 次,需经过 10～12 小时营养强化后投喂,配合饵料投喂量按照鱼体重的 3%～5%。

5. 出池

经 60 天培育,鱼苗全长可达 30 mm,可采用虹吸法或池底排水法出池。

五、中间培育

中间培育为将鱼苗由全长 30 mm 培育至全长 60～80 mm,一般继续在室内水泥池中培育(见彩页图17)。培育密度为200~300尾/平方米,培育水温为20 ℃~22 ℃,盐度为25~32,pH为7.6~8.2,DO>6 mg/L,氨氮≤0.1 mg/L,光照为500~1 000 lx;换水率为400%~600%,约20天倒池、分选大小一次,还应定期清底,监测水质,观察苗种活动与摄食。中间培育所用饵料为卤虫幼体、卤虫成体和配合饵料,每天投喂3~4次,此期为苗种由活饵料向人工配饵转换期,应根据鱼苗摄食情况逐渐减少活饵料投喂量。投喂配合饵料后,卤虫幼体、卤虫成体仅作为辅助饵料,增加各种饵料交叉投喂期。

第三节　半滑舌鳎的养成

目前半滑舌鳎养成方式以室内水泥池工厂化养殖和室外池塘养殖为主。

一、室内水泥池工厂化养殖

1. 养殖设施与养殖水环境

可使用自然海水或井盐水养殖,水温以14 ℃~28 ℃为宜,最适水温为18 ℃~26 ℃,盐度为15~30,pH为7.8~8.3,DO>5 mg/L。

2. 苗种放养

可放养5~6 cm苗种先行中间培育或直接放养8~10 cm苗种进行养殖,放养密度见表6-3。

表6-3　半滑舌鳎水泥池养殖放养密度

全长(cm)	密度(尾/平方米)
5~6	150~200
8~10	100
15	80
20	60
25	40
30	20

3. 饵料及投喂

(1)饵料种类:生鲜饵料(冰鲜杂虾、贝肉、沙蚕等,饵料系数5:1~6:1);湿颗粒饵料(粉末料和生鲜料造粒,饵料系数3:1~4:1)(表6-4);干性配合饵料(沉性,饵料系数1:1~2:1),可组合使用。

（2）饵料投喂：生鲜饵料日投饵率为 2%～4%，配合饵料为 1%～2%，每天投喂 2～3 次。

表 6-4　半滑舌鳎人工湿颗粒饵料配方

原料	含量（%）	原料	含量（%）
沙蚕	10	Vc	0.25
牡蛎	10	Ve	0.1
玉筋鱼	15	鱼肝油	0.5
鲅鱼	13.65	多维	0.3
粉末料	50	酵母粉	0.25

4. 生长

在适宜水温（14 ℃～28 ℃）条件下养成一年，雌鱼体重可达 400～500 g，雄鱼体重达 100～200 g；在最适水温（18 ℃～26 ℃）条件下养成一年，雌鱼体重可达 400～700 g，雄鱼体重达 150～250 g。

5. 日常管理

前期 15～20 天倒池、分选一次，后期 25～30 天一次；还应定期清底、监测水质，观察鱼活动与摄食情况；常见病有腹水病、腹胀病、烂鳍烂尾病等。

二、池塘养殖

1. 池塘条件

选用沙质或沙泥底质池塘，以 $5×667～20×667\ m^2$，深度 2 m 以上较好。养殖期间，池塘水温以 14 ℃～29 ℃为宜，盐度为 15～32，pH 为 7.8～8.3，DO > 5 mg/L，氨氮 ≤ 0.2 mg/L，透明度为 0.5～1 m，可附设增氧机。

2. 苗种放养

（1）苗种质量：应放养全长 10 cm 以上，大小整齐，色泽正常，健壮无伤病、畸形、白化，活力强，已转化配合饵料且摄食良好的苗种。

（2）放养条件：放苗前进行常规的清池与肥水，待水温升至 14 ℃以上时放养，注意育苗池与池塘的温度、盐度差，可先放入小围网内驯养，而后再放入池内。

（3）放养密度：全长 10 cm 苗种，每亩可放养 500～1 000 尾。

3. 饵料及投喂

饵料种类与室内养殖相同，放苗前期可不投饵，后期按室内投饵量投喂，每天投喂 2 次,在黄昏与日出前后投喂,应定点、定时投饵,水温在 28 ℃以上时应减少投喂量。

4. 饲养管理

每天应进行巡池;每天换水 10%～20%,大潮时多换水,水温在 26 ℃以上时应开启增氧机。半滑舌鳎出池较为困难,当水温低于 10 ℃时,排出池水剩余约 10～20 cm 时捞取,也可电击法收获。池塘水温大于 3 ℃时,半滑舌鳎可自然越冬,否则需室内越冬(可用井水)。

第七章
条斑星鲽繁育生物学与健康养殖

近年来,我国北方海水鱼类工厂化养殖已发展成了一个规模化的现代养殖产业。由于大菱鲆市场价格的大幅下滑,我国北方开始以半滑舌鳎和圆斑星鲽为主要开发和研究对象的同时,条斑星鲽因其外观漂亮优美,富含胶原蛋白,肉质细嫩鲜美,生长快,经济价值高等优良特性,成为海水养殖业研究人员和从业者主要研究和开发的对象之一,具有很大的开发价值和养殖潜力。

条斑星鲽 *Verasper moseri* 为星鲽属中比较大型的鲽类,雌鱼全长可达 70 cm,体重可达 8 kg,人工放流的 2 龄鱼全长可达 37.8 cm,体重 794 g,3 龄鱼体长达 45.8 cm,体重 1 325 g。条斑星鲽体表象松树皮一样,因此日文名为"松皮鱼",由于个体大,其商品名叫"王鲽"。

条斑星鲽与其他鲽类比较,在低水温中生长比较快,适合北方海域增养殖。由于过度捕捞,条斑星鲽的资源量非常少。为了恢复资源量,满足市场需求,近几年日本北海道和岩手县将条斑星鲽作为主要栽培对象进行人工育苗、陆上工厂化养殖、海上网箱养殖以及增殖放流技术研究与开发。

条斑星鲽的生态特点适合我国北方海域进行养殖,是值得引进的优良品种。近年来,我国山东省、河北省和辽宁省的研究机构以及鱼类生产企业从日本引进条斑星鲽苗种进行驯化养殖,取得了良好的效果。

第一节　条斑星鲽繁育生物学

一、分类、分布与形态特征

条斑星鲽 *Verasper moseri* 属于鲽形目 Pleuronectiformes 鲽科 Pleuronectidae

125

星鲽属 *Verasper*，为冷水性大型底栖鱼类。

条斑星鲽在日本海侧分布在北海道至若狭湾沿岸，在太平洋侧分布在千岛至茨城县附近以及鄂霍次克海沿岸。在我国黄渤海亦有分布，但数量极少。

条斑星鲽体呈卵圆形，身体扁平，左右不对称，两眼位于头部右侧，有眼侧着色素，无眼侧无色素。有眼侧覆盖着大型鳞片，侧线鳞（LL）853/100。口大，上颌达眼中央下部，齿钝圆锥形，上颚两列、下颚1列。各鳍均无棘，背鳍、臀鳍均较长。鳍式为：D 76-87，A 53-68，P10-13，V6，鳃耙（GR）0-1 + 6-8。背鳍、臀鳍以及尾鳍两侧间隔排列着黑色条带（这是区别于圆斑星鲽的主要特征）。成鱼无鳔，体色似松树皮（图7-1）。

图7-1　条斑星鲽
左图：有眼侧，右图：无眼侧

二、生态习性

条斑星鲽在自然状态下栖息在 200 m 以浅砂泥底质海区，冬季移至约 200 m 深海，春季游回到沿岸产卵。试验表明，放流后，全长 20 cm 个体，1 年内 80% 个体移动范围在 60 km 以内。该鱼的适宜水温为 13 ℃ ～ 21 ℃，低于同属圆斑星鲽（圆斑星鲽的最宜养殖水温为 15 ℃ ～ 23 ℃），耐低温能力大于耐高温能力。不同年龄耐高温能力不同，幼鱼耐高温能力大于成鱼。

条斑星鲽是底栖动物食性。主要摄食虾类、蟹类、小型贝类、棘皮动物、头足类动物以及小鱼等，1 龄前主要摄食小型甲壳类动物，2 龄以上摄食鱼类。人工养殖时可投喂小杂鱼和配合饲料。

条斑星鲽在低温条件下生长速度较快，为圆斑星鲽的 1.3 ～ 1.5 倍，同龄雌性个体的生长快于雄性个体，但差异不如半滑舌鳎那样悬殊。

其寿命一般可达 10 年以上，最长可达 14 年，成熟个体的体长为 30 ～ 60 cm，目前发现的最大个体为雌性，体长达到 67.4 cm，重 8 kg。据日本富山县实验场报道，体长 5 ～ 8 cm 的条斑星鲽鱼种，经 4 年时间的饲养，雌雄鱼的体重分别可达

3 kg 和 0.7 kg。

放流条斑星鲽的年龄与生长关系见表 7-1,养殖条斑星鲽的年龄、性别与生长关系见表 7-2。

表 7-1 放流条斑星鲽的年龄与生长关系（李文姬等, 2006）

项目	1 龄		2 龄		3 龄		4 龄		5 龄	
	春季	秋季	春季	秋季	春季	秋季	春季	秋季	春季	秋季
全长（cm）	18.5	28.5	29.2	37.8	38.5	45.8	46.4	52.7	53.3	59.7
体重（g）	105	358	386	794	834	1 325	1 388	2 208	2 300	3 250

注:此结果为雌性个体平均数,全部为回捕人工放流苗种测得的数据。

表 7-2 养殖条斑星鲽的年龄和性别与生长关系[①]（李文姬等, 2006）

性别	1 龄		2 龄		3 龄		4 龄	
	全长（cm）	体重（g）	全长（cm）	体重（g）	全长（cm）	体重（g）	全长（cm）	体重（g）
雄性	21	200	35	1 000	43	1 400	45	1 500
雌性	21	200	40	1 400	55	3 000	60	4 000

① 根据日本岩手县水产技术中心培育结果整理而成。

三、繁殖生物学

渡辺研一研究了人工饲育条件下成熟亲鱼的怀卵量,指出平均全长 55.73 cm、体重 3 282 g 的雌亲鱼,平均卵巢重量有眼侧为 130.1 g,无眼侧为 138.9 g。两侧卵巢重量之和（GW）与全长（TL）以及体重（BW）之间呈指数函数关系:$GW = 5.62e^{0.007TL}$,$r^2 = 0.68$; $GW = 56.7e^{0.00\,044BW}$,$r^2 = 0.83$。单位重量平均卵数,有眼侧为 2189 粒／克,无眼侧为 2331 粒／克,个体平均怀卵量约为 57.8×10^4 粒（326 000～1 247 000 粒）。怀卵量（F）与全长（TL）之间呈指数函数关系: $F = 18.8e^{0.006TL}$,$r^2 = 0.75$,与体重之间呈直线相关关系:$F = 0.244BW - 222.7$,$r^2 = 0.87$。全长 496～730 mm 雌鱼卵数（OE,粒）与全长（TL, mm）之间关系式为 $OE = 0.62TL - 275.3$（$r^2 = 0.71$）（李文姬等, 2006;杜佳垠, 2003）。

在人工培育条件下,雄鱼 3 龄开始成熟,而雌鱼 4 龄开始成熟,直至 8 龄时可以用于苗种生产。雄鱼最小性成熟规格为全长 34.3 cm,体重 0.6 kg,雌鱼最小性成熟规格为全长 42 cm,体重 1.4 kg。

在北海道,产卵期为 11 月～次年 1 月,在岩手县,产卵期为 12 月～次年 4 月。不过,在北海道,除了冬季,该鱼也可能自春季至初夏 3～6 月产卵,人工育苗生产时繁殖期在 3～5 月。产卵水温 6 ℃左右。天然产卵场在水深数米至数十米处。条斑星鲽分批产卵,在收容场合,天然亲鱼群体产卵期达 1～2 个月,雌鱼排卵间隔 3～4 天。在水槽收容自然产卵场合,条斑星鲽多于夜间 22:00 至黎明 4:00 前后产卵(杜佳垠,2003)。

四、发育生物学

(一)胚胎发育

条斑星鲽卵为分离浮性卵,卵径为 1.7～1.9 mm。孵化水温(T,℃)与孵化日数(D,日,50%以上孵化)关系可用 $D=(-1.982\,7)T+25.395\,1(r^2=0.919\,7)$ 表示,在孵化水温 8 ℃场合,孵化约需 9 天。条斑星鲽受精卵的胚胎发育时序见表 7-3。孵化仔鱼全长为 3.65～4.78 mm。全长为 11.3 mm 时,进入变态前期;13 mm 时,进入变态后期。

表 7-3　条斑星鲽胚胎发育时序(李文姬等,2006)

受精后历时 (h)	水温(℃)	胚胎发育阶段	受精后历时 (h)	水温(℃)	胚胎发育阶段
3	6.2	胚盘形成	93	7.0	胚体出现
4	6.5	2 细胞期	102	7.6	眼泡和 Kupffer's 泡出现
6	6.7	4 细胞期	117	7.4	卵黄上出现黑色素泡
8	6.5	8 细胞期	141	7.5	眼球和胚体上出现黑色素泡
10	6.6	16 细胞期	150	7.6	听囊出现,尾部从卵黄分离
13	6.8	64 细胞期	174	7.8	胚体包卵黄一周
21	6.5	桑葚胚期	189	7.2	心脏开始跳动
68	7.2	囊胚期	237	7.2	仔鱼破膜而出

近年来,国内学者也研究了条斑星鲽的胚胎发育,结果表明:条斑星鲽的成熟卵子为圆球形(图 7-2),卵黄透明、卵质均匀、卵内无油球。受精卵平均卵径为 1.77 mm± 0.02 mm。在盐度为 32 时为沉性、33～34 时为半浮性、35 以上时为浮性。受精卵在 8.5 ℃下,经 187 小时孵化出仔鱼。其各发育阶段特征及发育速度见表 7-4。

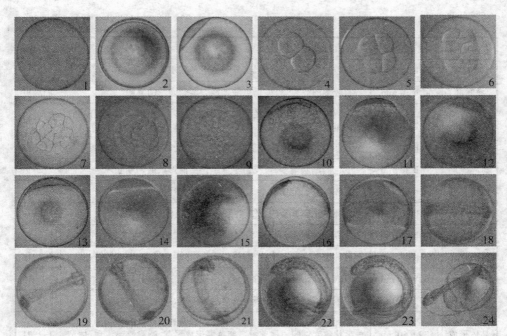

图 7-2　条斑星鲽的胚胎发育（图 7-2-23：×170；图 7-2-24：×110）（杜荣斌等，2010）

1—未受精卵；2—卵膜举起；3—胚盘隆起；4—二细胞；5—四细胞；6—八细胞；7—16 细胞；8—32 细胞；9—64 细胞；10—128 细胞；11—桑葚胚；12—囊胚早期；13—囊胚中期；14—囊胚晚期；15—原肠早期；16—原肠中期；17—原肠晚期；18—体节形成；19—眼泡形成；20—嗅板形成；21—晶体形成；22—听囊出现；23—耳石形成；24—孵化

表 7-4　条斑星鲽的胚胎发育（水温 8.5 ℃；杜荣斌等，2010）

发育时期	发育时间	各发育期主要特征	图号
受精卵	0	受精膜举起，形成极小卵周隙	7-2-2
胚盘隆起	2 h 50 min	受精之后 45 分钟出现极体，1 小时 30 分钟左右可见原生质开始向动物极聚集隆起	7-2-3
2 细胞	3 h 50 min	胚盘经裂为 2 个相等的细胞	7-2-4
4 细胞	5 h 50 min	分裂沟与第一次的相垂直，分成均等的 4 个细胞	7-2-5
8 细胞	8 h 30 min	与第一次分裂面平行分裂，形成两排，每排 4 个大小略有不同的一层细胞	7-2-6
16 细胞	10 h 00 min	与第二次分裂面平行分裂，形成大小不等、形状不规则的一层 16 个细胞	7-2-7
32 细胞	11 h 50 min	进一步经裂为 32 细胞	7-2-8
64 细胞	13 h 00 min	纬裂，形成两层细胞，每层 32 个	7-2-9

发育时期	发育时间	各发育期主要特征	图号
128 细胞	14 h 40 min	卵裂球大小形状不均匀,分裂也不再同步进行	7-2-10
桑葚胚	17 h 30 min	有较多的分裂球,但仍可清晰地分辨分裂球的界限	7-2-11
囊胚早期	26 h 30 min	分裂球很小、界限已经无法分清,由很多分裂球组成的囊胚层突出于卵黄上	7-2-12
囊胚中期	28 h 00 min	囊胚层的隆起逐渐降低,向扁平发展,边缘细胞开始向卵黄下包	7-2-13
囊胚晚期	31 h 30 min	下包的细胞增多,可见由于下包作用而形成的初期胚环	7-2-14
原肠早期	56 h 00 min	胚环下包卵黄囊的 1/3,出现胚盾的雏形	7-2-15
原肠中期	69 h 30 min	胚环下包卵黄囊的 1/2,胚盾形成,神经板形成	7-2-16
原肠晚期	73 h 00 min	胚盘下包卵黄囊的 4/5,原口接近闭合。胚体雏形形成	7-2-17
体节形成	99 h 00 min	胚体中部出现多个体节,原口闭合,出现克氏囊,眼泡雏形出现	7-2-18
眼泡形成	102 h 30 min	眼泡形成,同时嗅板雏形也已出现,体节 15～16 对	7-2-19
嗅板形成	103 h 30 min	嗅板形成,胚体上有极少的黑色素细胞,可见视杯雏形	7-2-20
晶体形成	129 h 50 min	晶体形成。在体节的背面和侧面,卵黄囊的两侧有少量的紫黑色星状色素细胞。尾部脱离卵黄囊形成尾芽,听囊雏形出现,体节数 35～36 对	7-2-21
听囊形成	145 h 00 min	听囊形成,色素细胞有所增加,体节数 39～42 对	7-2-22
心跳出现	150 h 00 min	心跳出现,但时有时无。色素细胞几乎遍布全身,但仍较为稀疏。体节 42 对,胚体呈 V 型紧贴在卵黄囊上	
肌肉颤动	152 h 00 min	肌肉呈现间断性的收缩,胚体尾部间断性扭动	
耳石形成	163 h 00 min	在听囊内有两个耳石,呈黑点状	7-2-23
脱膜孵化	187 h 00 min	胚体将卵黄囊包裹一周,尾部摆动剧烈,头部顶破卵膜孵化而出	7-2-24

（二）胚后发育

1. 前期仔鱼

从初孵仔鱼开始,到消化道贯通,卵黄和油球被完全吸收为止。

（1）初孵仔鱼。全长为 4.69 mm ± 0.15 mm,总高为 1.48 mm ± 0.06 mm,卵黄囊长径为 1.78 mm,卵黄囊短径为 1.23 mm。体节 48 对左右。外观无色透明,显微镜下可见在头部和体节两侧、背面均分布有少量的星状或树枝状的黑色素细胞,卵黄囊两侧分布有紫黑色星状色素细胞。鳍膜透明,背鳍膜后方,有一块密集的黄色素细胞团,间杂有少量黑色素细胞。消化管很细,紧贴在卵黄囊上难以观察,口和肛门未贯通。仔鱼身体平直,漂浮于水面,偶尔靠尾部摆动而窜动（图 7-3-1）。

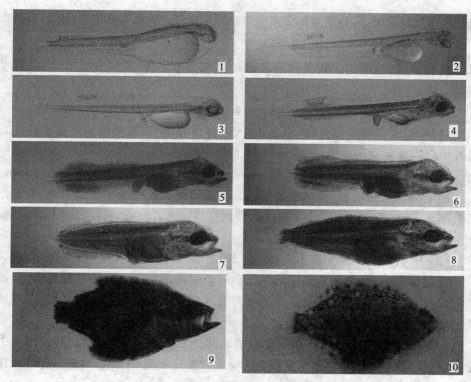

图 7-3　条斑星鲽仔、稚鱼的发育（杜荣斌等，2010）

1—初孵仔鱼（×17）；2—2 日龄仔鱼（×13）；3—4 日龄仔鱼（×12.5）；4—7～8 日龄仔鱼（×12）；5—14 日龄仔鱼（×11）；6—19 日龄仔鱼（×10）；7—21 日龄仔鱼（×10）；8—24 日龄仔鱼（×8）；9—29 日龄稚鱼（×6）；10—50 日龄稚鱼，变态完成（×2）

（2）2 日龄。全长为 5.86 mm ± 0.11 mm，总高为 1.32 mm ± 0.04 mm，卵黄囊长径为 1.16 mm，卵黄囊短径为 0.74 mm。卵黄囊部分被吸收。胸鳍原基形成，尾部可见放射状弹性丝。部分个体晶体混浊（图 7-3-2）。

（3）4 日龄。全长为 6.22 mm ± 0.06 mm，总高为 1.30 mm ± 0.07 mm，卵黄囊长径为 0.92 mm，卵黄囊短径为 0.55 mm。体表黑色素细胞增多，间杂有黄色素细胞，在背、臀鳍膜基部开始出现绒状黑色素细胞团，卵黄囊上有树枝状黑色素细胞，眼睛开始有黑色素沉着，外观身体呈淡灰色。有比较明显的胸鳍膜。消化道为直管状，末端变粗，已延伸至体表，口凹较明显。水平运动活泼（图 7-3-3）。

（4）7～8 日龄。仔鱼全长为 6.50 mm ± 0.16 mm，总高为 1.20 mm ± 0.02 mm。卵黄囊体积已经很小。肠道弯曲，口和肛门开通，消化道偶尔蠕动，内尚无食物。除尾部外，仔鱼身体表面布满星状及树枝状黑色素细胞，在背、臀鳍膜基部绒状黑色素细胞团增多,外观身体呈黑色。眼睛呈黑色。胸鳍明显变大(图7-3-4)。

2. 后期仔鱼

从卵黄囊、油球被吸收殆尽到各运动器官基本完善,右眼开始上升,脊索末端向上翘起为止。

(1)11日龄。仔鱼全长为6.98 mm±0.21 mm,总高为1.41 mm±0.15 mm。

从第10天开始少量摄食,至第12天时卵黄囊消失,胸鳍鳍条原基出现。肠道开始向腹部呈S形弯曲,出现皱褶,大量摄食轮虫。

(2)14日龄。仔鱼全长为7.24 mm±0.14 mm,总高为1.76 mm±0.12 mm。

随着摄食量的增加,身体明显变宽。胸部和鳃盖处为点状色素细胞,尾部无色素细胞,其他各部分布有交织在一起的树枝状黑色素细胞。消化道内充满食物,下颌略长于上颌(图7-3-5)。

(3)19日龄。仔鱼全长为7.95 mm±0.16 mm,总高为1.93 mm±0.21 mm。

消化道变粗,盘曲肠胃膨胀饱满。躯干及腹部两侧密布有黑色素细胞,胸部两侧分布有点状黑色素细胞,腹部上同时有红色素细胞。背臀鳍担增厚,尾鳍鳍条原基形成(图7-3-6)。

(4)21日龄。胸部和鳃盖部位由稀疏的点状黑色素细胞覆盖,其余部位由交织在一起的树枝状黑色素细胞覆盖。脊索末端开始略有上翘,尾鳍上有8～10条鳍条出现,背鳍和臀鳍鳍条原基出现(图7-3-7)。

(5)24日龄。仔鱼全长为10.5 mm±0.29 mm,体高为3.23 mm±0.11 mm。

仔鱼变长变宽,脊索末端上翘,背鳍、臀鳍的鳍条出现,前期分布于背鳍和臀鳍膜上的色素细胞大部分聚集于鳍条上,胸部和鳃盖上的色素细胞为点状,下颌可见乳头状牙齿(图7-3-8)。

3. 稚鱼

从右眼开始上升至右眼完全移至左侧,体形迅速趋向成鱼,各运动器官日臻完善,鳞被开始形成,消化器官发育完善,变态完成后转营底栖生活。

(1)29日龄。稚鱼体长为11.14 mm±0.12 mm,总高为5.08 mm±0.16 mm。

左眼开始上移,部分个体有伏底现象。背鳍条78～79、臀鳍条49～50、尾鳍条18,尾鳍鳍条分节。身体两侧分布有浓密的黑色素细胞,肠道只有一个弯曲,肠胃内充满食物(图7-3-9)。

(2)37日龄。部分个体出现褪色现象,大部分个体着底,左眼开始上移。

(3)44日龄。部分稚鱼的左眼移至背中线。

(4)50日龄。稚鱼体长为2.51 cm±0.18 cm,体高为1.35 cm±0.09 cm。

大部分稚鱼的左眼完全移至右侧,完成变态。有眼侧分布有黑色点状色斑,外观沙褐色;无眼侧黑色素细胞分布较稀疏,黑色淡化,分布有土黄色和棕色斑点。出现明显侧线,在背鳍和臀鳍上分别出现8～9、6～7条由色素细胞聚集成的条状斑。背鳍条70,臀鳍条52,尾鳍条20。尾鳍条中间最长的分14节,两边最短的分为2节(图7-3-10)。

第二节　条斑星鲽的苗种培育

一、亲鱼培育

用于条斑星鲽人工育苗的亲鱼,采用多年养殖的天然亲鱼或人工放流回捕的亲鱼。产卵亲鱼主要用体重3～4 kg(满4龄,20尾)和1～2 kg(满3龄,40尾)雌亲鱼与体重0.8～1.2 kg雄亲鱼。人工育苗时2龄雄鱼也可作为亲鱼使用。雌雄亲鱼比例为5:1。

二、亲鱼促熟及受精卵的获得

1. 亲鱼促熟

亲鱼促熟方法国内外稍有区别。日本诱导排卵温度多为6 ℃。例如日本栽培渔业协会每年秋季开始到翌年1～2月逐渐将水温调至3 ℃饲育,进入3月将水温逐渐提升至6 ℃刺激排卵,通常3月下旬～5月上旬出现排卵个体。利用该变温方法不用激素和调节日照长短也可诱导亲鱼排卵。在同样的饲育条件下,雄性个体排放精液量很少,维持精子活性的时间也很短,很难与产卵期同步。为了促进雄鱼性成熟,肌肉注射LRH-A(促黄体素释放激素类似物),可获得大量具有活性的精液。国内通常采用光温调控技术促进亲鱼成熟,一般于秋冬季随自然水温下降,当水温降至6 ℃～7 ℃时,开始逐渐升温,升至8 ℃～9 ℃,保持恒温培育,同时光强度300～500 lx,光照时间由8～10小时/天逐渐增加为14～16小时/天。亲鱼饵料及投喂可参照牙鲆、大菱鲆。

2. 受精卵获得

受精卵的获得有两种方法,即人工挤卵授精和水槽内自然产卵。苗种生产时通常采用人工授精方法。条斑星鲽雌性个体在6 ℃条件下3～4天为1个排卵周期。排卵后立即挤出的卵,受精率达90%以上,排卵后停留在卵巢腔内2天后挤出的卵受精率只有45%。在1个繁殖期内1尾亲鱼多次排卵(8～10次),多次挤压腹部,较易引起亲鱼皮肤受伤感染,导致亲鱼死亡。日本的口小有美等开发了一种新的采卵方法,即将人工卵巢腔液用细管从生殖孔以约 500 mL/min 的速度输送至卵巢腔中,卵随着液体排出,避免了因挤压造成亲鱼腹部皮肤受伤而感染。

水槽内自然产卵时采用温度诱导法和激素诱导法。试验结果表明,繁殖期将水温在 1 天内从 6 ℃升至 9 ℃,次日再降回到 6 ℃,可诱导雌鱼产卵的同时也能诱导受精。另外用激素也可诱导亲鱼自然产卵。水槽内自然产卵的受精率与饲养亲鱼水槽的容量有关,大型水槽(约 30 m³)内饲养的亲鱼,自然产卵受精率高于小型水槽(10 m³)饲养的亲鱼,大约高出 3 倍。

雌鱼 1 次产卵量与年龄、亲鱼质量、规格等有关,产卵量平均约 $5 \times 10^4 \sim 10 \times 10^4$ 粒/(尾·次)。亲鱼规格相同时,注射激素的个体产卵量大,平均产卵量为 97 761 粒/(尾·次)(1 604 粒/(尾·次·厘米)),未注射激素的个体,平均产卵量为 50 349 粒/(尾·次)(911 粒/(尾·次·厘米))。

三、仔稚鱼饲育

条斑星鲽受精卵在 7 ℃水温下,用约 10 天孵化出仔鱼,初孵仔鱼全长 4～5 mm。在 14 ℃水温下,7～10 日龄开口,35 日龄着底,50 日龄完成变态。18～20 日龄和 26～28 日龄时易发生大量死亡。16 ℃～18 ℃水温下,虽然仔鱼生长很快,但存活率很低,而且性比偏向雄性,雌性个体比例只有约 10%,不利于条斑星鲽增养殖业的发展。岩手县水产技术中心在条斑星鲽苗种生产中,采用孵化后一个月内在 16 ℃条件下饲育,然后在 14 ℃水温下饲育至全长 35 mm,这种方法不仅提高了仔鱼的成活率,还可以使雌雄比达到均等。由此说明孵化一个月以后是条斑星鲽性别分化的重要时期。目前在 14 ℃条件下饲育仔鱼至 35 mm,存活率可达 35%。

日本的萱场隆昭等研究指出,在仔鱼饲育水中添加 $1.0 \times 10^6 \sim 1.6 \times 10^6$ 个细胞/毫升微绿球藻 *Nannochloris oculata* 可抑制仔鱼饲育初期的大量死亡(李文姬等,2006)。

仔鱼期投喂饵料顺序为轮虫、卤虫、配合饲料。轮虫的投喂期为 5～35 日龄,投喂量 1～6 个/毫升。卤虫的投喂期为 25～65 日龄,40 日龄以后投喂稚鱼用配合饲料。条斑星鲽稚鱼培育和亲鱼培育所用配合饲料均可采用牙鲆、大菱鲆饲料。

国内育苗工艺为:受精卵在水温为 8.5 ℃、盐度为 32 条件下,采取微充气、流水孵化,约 187 小时孵出仔鱼,仔鱼全长大于 4 mm。水温从孵化第二日起每天提高 0.5 ℃,升至 14.5 ℃恒温培育。前期仔鱼培育(1～8 天)为静水培育,以后每天换水 10%～100%。条斑星鲽仔鱼孵出后第 9 天起陆续开口摄食，此时仔鱼全长大于 6 mm，8～40 天投喂经裂壶藻营养强化的轮虫，密度保持为 3～5 个 / 毫升，投轮虫期间育苗池内添加小球藻，并保持密度为 50 万细胞 / 毫升，18～50 天投喂用裂壶藻强化 12 小时的卤虫无节幼体，密度保持为 0.5～1 个 / 毫升。可在着底前后 35～40 天开始驯化投喂配合饵料。

四、中间培育

30～50 mm 稚鱼适应海上环境能力较弱，通常在陆上水槽中将苗种培育至 80～100 mm，这个过程称中间培育。中间培育期在 7～9 月，期间正常鱼出现的比例约为 95%。

五、早苗培育

为了培育大苗，使当年用于养殖的苗种在 10 月达到 100 克 / 尾，开发了早苗培育技术。据日刊《养殖》2002 年介绍，在岩手县三陆株式会社，在自然水温条件下，条斑星鲽产卵期为 3～4 月，若想早期采卵，可以提前到 1～2 月，甚至 12 月。在早期采卵时，实施激素处理和水温调控，诱发产卵。即在 11 月和 12 月，分别 2 次给亲鱼注射 LRH-A 促进生殖腺成熟，12 月水温 8 ℃左右，采卵时水温 5 ℃。可比正常采卵期提早 3 个月，在 12 月就能得到孵化仔鱼，10 月达到 100 克 / 尾，而 3 月孵化的仔鱼 10 月只有 30 克 / 尾（杜佳垠，2003）。

第三节　条斑星鲽的增养殖

一、海上网箱养殖

1. 养殖海区

据日刊《养殖》2002 年介绍，在岩手县釜石东部渔协，条斑星鲽海面网箱养殖开始于 2000 年。养殖海域水深 10 m，冬季水温 5 ℃～6 ℃，夏季水温 21 ℃～22 ℃，平均水温 12 ℃～13 ℃（杜佳垠，2003）。

2. 网箱规格

在日本条斑星鲽海上养殖用网箱规格因地区而不同。北海道古平地区为 7 m×7 m×5.7 m，底面由帆布做成，为了容易清除底部残饵，在帆布底面间隔设置网片。为网箱四角设置卷扬机，网箱框体上部设置浮筒。岩手县釜石地区使用的网箱规格为 5 m×5 m×5 m 和 10 m×10 m×5 m。

3. 放养规格和养殖密度

放养规格各地稍有区别，北海道古平地区为全长 6～7 cm，岩手县釜石地区为全长 10 cm。5 m×5 m×5 m 网箱放养 2 000 尾，10 m×10 m×5 m 网箱放养 4 000 尾，养殖期间不分箱，一直养至达到上市规格时开始间捕。

4. 投饵

进入网箱中的条斑星鲽苗种在最初 1～1.5 年（体重 400～500 g），投喂配合饵料，然后投喂玉筋鱼等鲜活杂鱼。当年鱼的投饵量（配合饵料）为鱼体重的 2%，以后为体重的 1%。投喂鲜活饵料的效果优于配合饵料，但是成本高，为了降低饵料成本，投喂各种低值鱼。

5. 生长及成活率

每年生长速度有所差异，生长 1 年平均体重可达 400 g，生长 2 年可达 1 kg。生长速度主要取决于水温、饵料、性比例等。由于雌性个体生长速度快于雄性个体，因此日本 2003 年开始研究条斑星鲽全雌化技术，以此提高生产效率。水温超过 22 ℃，摄食率降低，影响生长。日本海侧夏季高水温时对条斑星鲽的成活率有较大的影响，主要采取降低饲养密度、投施维生素制剂和及时更换网箱的方法提高成活率。海上网箱养殖结果表明，养殖 2 年平均成活率为 50%～70%。

6. 养殖周期

通常情况下养殖周期为 24 个月，养殖第 1 年 7 月购入苗种开始中间培育，10 月出池下海进行海上网箱养殖，第 3 年的 8～9 月开始收获上市（李文姬等，2006）。

二、工厂化养殖

目前国内条斑星鲽的养殖方法与其他鲆鲽类相似，工厂化养殖是主要养殖方式，可利用其他鲆鲽类工厂化养殖池，采用流水充气式养殖，可直接利用自然海水养殖，也可用地下海水兑自然海水养殖，或采用地下卤水和淡水水源在配水池内曝气混匀后养殖。

1. 苗种选择与放养

条斑星鲽的苗种放养，一般选择规格整齐、色泽正常、健康、活力较强、体表无损伤、全长在 5 cm 以上的苗种放养。运输时可采用泡沫箱内装塑料袋充氧运输，每袋可装 8 cm 苗种 50～80 尾。运输水温应在 8 ℃～10 ℃。放养时应尽量调整运输用水与养殖池水的温度和盐度，尽量缩小差距。条斑星鲽的养殖池可采用原牙鲆、大菱鲆的养殖池，最好用圆形或八角形池，以方便排水和清污，养殖水深 50～60 cm 即可。苗种入池后用 5～10 mg/L 盐酸土霉素溶液药浴,每次 3 小时、每天 1 次,以避免鱼体受伤后被细菌继发性感染;两天后用每立方米含 100～150 mL 甲醛的溶液药浴一次,时间为 1 小时,以避免异地寄生虫的带入。

2. 养殖密度

一般情况下 4～5 cm 苗种的放养密度为 300～500 尾/平方米,5～8 cm 苗种放养密度为 200～300 尾/平方米。15 cm 的苗种为 150～200 尾/平方米,20 cm 的鱼种为 80～100 尾/平方米,25 cm 的鱼种为 35～40 尾/平方米,30 cm 的鱼种为 25～30 尾/平方米,35 cm 的鱼种为 20～25 尾/平方米。放养密度应根据水循环量和总体养殖环境及管理水平适当调整,水温较高时应适当降低放养密度。此外,当鱼体大小相差较大时应及时筛选。为促进鱼体的生长,养殖过程中要根据鱼体大小及时分池。分养时需注意先停食,使鱼呈空胃状态,操作要小心谨慎,防止机械损伤和缺氧死亡。

3. 养殖环境管理

条斑星鲽属冷温性鱼类,对低水温的耐受能力要明显强于高水温。当水温在 6 ℃以上时即可正常摄食,但当水温超过 20 ℃时则出现明显不适应现象——摄食减少、死亡率增高,所以应将养殖水温控制在 6 ℃～20 ℃,最适生长水温在 13 ℃～18 ℃。其他水质指标:盐度应控制在 23～32,pH 为 7.5～8.5,溶解氧 5 mg/L 以上,光照 600～1 000 lx。条斑星鲽养殖池有效水位一般保持在 50～60 cm,最低水深不低于 30 cm,换水量为:高温季节 6～8 个循环/天,低温季节 3～5 个循环/天。水温高时应加大水的循环量。此外,条斑星鲽对铁、锰较敏感,利用地下水降温时应避免使用含铁、锰量高的地下水。

残饵和排泄物的堆积会造成水质的恶化,也是发生病害、影响鱼体生长的主要原因,因此在养殖过程中,每天要清池一次。清池时,要注意不能使鱼受伤,特别是条斑星鲽体长在 10 cm 以下时,不要触动鱼体,应使水流形成小的旋流,将残饵和排泄物集中到养殖池的中央排出;体长在 10 cm 以上时,可按正常养殖鲽类的方法进行清池。

根据条斑星鲽的大小和生长适时分池、倒池,这是养殖的重要技术之一。因此,条斑星鲽在养殖过程中,要定期测定体长及体重,以便改进养殖技术。视生长和池底情况,一般每月倒池一次或隔月分池一次。倒池或分池要在条斑星鲽空胃时进行,在倒池、分池过程中,操作要仔细,尽量避免鱼体受伤。分池是根据鱼体的规格,尽量将鱼体规格接近的分在同一养殖池中养殖,以避免影响个体的生长。分池结束后,原池用 20×10^{-6} 的 $KMnO_4$ 溶液严格消毒。

4. 饵料与投喂

条斑星鲽养殖可将鲜活饵料和配合饵料混合使用。5~10 cm的条斑星鲽苗种，以卤虫成虫、沙蚕和配合饵料混合投喂为主，并逐渐过渡到配合饵料；10 cm以上，要以配合饵料为主，辅以沙蚕和贝肉，配合饵料要添加适量的复合维生素。目前，条斑星鲽的配合饲料主要以牙鲆、大菱鲆的饲料代替，其蛋白质含量为52.78%，脂肪为8.78%，碳水化合物为15.80%，主要成分为智利红鱼粉、啤酒酵母、α-淀粉、豆粕、膨化大豆、多维、矿物质及其他添加剂等。投喂量应根据鱼体重及季节变化确定，日投喂量一般为鱼体重的1%~3%。条斑星鲽的摄食不如牙鲆、大菱鲆积极，因此投饵时需有耐心，每次投喂时间应稍长。当水温过高时应减少投喂量。体重达到200 g以前，日投喂次数在3~4次；体重达到200 g以后，日投2~3次。要定期测定体长及体重，以便调整投饲量。

5. 病害防治

条斑星鲽在我国的养殖还刚刚开始，各种病害的发生相对较少，只有一些常见的细菌性疾病和寄生虫疾病，可采用一些常规的措施加以防治，如细菌性疾病采用抗生素药浴并结合投喂药饵，寄生虫病采用甲醛溶液药浴。另外一种危害较为严重的是病毒性神经坏死症。该病多危害体长3~12 cm的条斑星鲽稚鱼，苗种期的发病率高于成鱼期。患病稚鱼脑、眼、口部发红，眼球脱落，无眼侧朝上沉在池底，出现痉挛性异常游动，切片观察可见神经细胞坏死而形成空泡。对该病几乎无法治疗，主要以预防为主，严格亲鱼检疫，防止病毒垂直感染。受精卵须用75 mg/L的碘消毒15分钟，再用消毒海水孵化。育苗水槽、器具以及培育海水要严格消毒；倒池后的池子要做到严格消毒；要选择色正味佳的饲料，严禁使用变质的饲料；发现病鱼要及时隔离，以防鱼病蔓延；根据不同的病情对发病池的条斑星鲽进行必要的药物治疗。

三、放流增殖

条斑星鲽放流增殖始于1991年的日本，主要由日本栽培渔业协会厚岸栽培渔业中心、北海道函馆水产试验场、北海道立网走水产试验场、岩手县水产技术中心等单位实施，最初每年放流个体数只有几万尾。1998年以后禁裳岬以西每年放流8万~12万尾人工苗种。这个海域自2000年以后，条斑星鲽的渔获量比以前增加了2~3倍。在喷火湾每年放流人工苗种2 500~23 000尾，全长30 cm时的回捕率3.3%~9.6%。回捕率与放流规格、放流水温有关，放流规格大，回捕率高，放流时水温高，回捕率高。1995~2000年，在鄂霍茨克海放流的苗种，平均回捕率为 13.1%，如果只统计达到商品规格（全长 40 cm，体重 1 kg）的个体，回捕率只有 2.2%（李文姬等，2006）。

四、条斑星鲽养殖前景展望

条斑星鲽营养丰富，味道鲜美，骨刺少，内脏团小，可食部分多，为高档水产品。该鱼体型较大，生长速度较快，食物营养级层次低，适应力强，因而其具有产业化养殖的开发潜力。在我国海水工厂化养殖主要品种牙鲆、大菱鲆过度养殖的情况下，它是一种良好的替代品种，具有潜在的经济价值。目前，对条斑星鲽养殖的研究多数集中在人工繁殖和苗种培育上，而且苗种培育也还是刚刚起步，以后应在以下方面予以关注：① 进一步加强苗种培育和生产的研究，促进规模化养殖；② 开展营养需求和营养生理方面的研究，开发专用配合饲料；③ 加强育苗期和养成期的病害防治工作。

第八章
东方鲀繁育生物学与健康养殖

东方鲀亦称河鲀,又称廷巴鱼,是有毒的海产鱼类之一。其血液、肝脏、性腺和消化道等含有剧毒,误食微量即可使人中毒致命。但是河鲀的肌肉无毒或含微毒,只要处理得当可以食用,且肉质细嫩,味道十分鲜美,故我国、日本和朝鲜民间将其奉为"鱼中之王"、"百鱼之首",日本人最为嗜食河鲀,我国亦有"拼死吃河鲀"的俗说。由河鲀提取的河鲀毒素(TTX)具有很高的药用价值,是临床上的高级镇痛剂,且有恢复精力之功效,价格十分昂贵;河鲀皮可以制革。

日本市场上活河鲀十分畅销,主要用于制作生鱼片,仅东京河鲀专业餐馆就达百家,活鱼供不应求,每年需从国外大量进口,为此有力地推动了日本和周边国家(中国、韩国)的河鲀养殖。我国是从 20 世纪 80 年代中试养河鲀成功,90 年代初发展起来的,主要的养殖品种是红鳍东方鲀(*Fugu rubripes* T&S),其次为假睛东方鲀(*Fugu pseudommus* Chu)和暗纹东方鲀(*Fugu obscurus* Abe)等种。其中前两种为海河鲀,而暗纹东方鲀是我国长江特有的种类,属江河鲀,在海洋中生活,在淡水中产卵。

第一节　东方鲀繁育生物学

一、分类、分布与形态特征

东方鲀在分类上属于鲀形目 Tetrodontiformes 鲀亚目 Tetrodontoidei 鲀科 Tetrodontidae 东方鲀属 *Fugu*。

东方鲀属种类和数量较多,在我国、朝鲜、日本以及其他东南亚各国沿海均有分布。黄海、渤海和东海是世界上河鲀种类和数量最多的海区之一,栖息于黄海和东海的就有 15 种之多,尤其在黄海中部和北部,如山东的荣成、辽宁的长海县獐子岛、海洋岛和庄河县的王家岛海域历史上都有专门的河鲀延绳钓渔业。主要作业渔场为黄海北部的烟台外海,海洋岛近海等海域。渔期为 5 月中至 8 月初,6 月中至 8 月初为盛期。此外,在海州湾亦有河鲀的兼捕渔业;长江下游至河口有溯河性的暗纹东方鲀和弓斑东方鲀的分布。

东方鲀,体短,略呈圆筒形,头吻宽钝。唇发达。口小,牙齿在上、下颌各愈合成 2 个大板状齿。背鳍位于体后部,与臀鳍相对称,且形状相似,都无鳍棘,具 6～19 鳍条。无腹鳍。尾柄宽而短,呈圆形,尾鳍截形或浅凹叉形。背侧黑色,腹面白色。

红鳍东方鲀 *Fugu rubripes*(Temminck et Schlegel):俗称黑廷巴、黑腊头,又称虎河鲀。体侧在胸鳍后上方有一白边黑色大眼状斑,体背后半部有许多不定形虎纹黑斑。臀鳍白色或略带红,其余各鳍黑色(图 8-1)。

假睛东方鲀 *Fugu pseudommus*(Chu):体色花纹与红鳍东方鲀相似,胸鳍后上方也有一白边圆形大黑斑,故易与红鳍东方鲀混淆。但其体背后半部通常没有明显不定形黑斑,各鳍均黑色。且体色花纹变异大,体长 17 cm 以下时,体表散布有白色小斑点;体长 20 cm 左右时,白斑渐不明显;至体长 24 cm 左右时,白斑消失(图 8-1)。

暗纹东方鲀 *Fugu obscurus*(Abe):背部棕褐色,体侧下方黄色。背侧面具暗褐色横纹 4～6 条,横纹之间具白色狭纹 3～5 条。体色和条纹随体长的增长而变化。胸鳍后上方有一边缘白色的圆形大眼斑。背鳍基部有一白边大黑斑。幼鱼的暗色宽纹上散布有白色小点,随个体增长,白点渐不明显直至消失,暗色宽纹也较黯淡。胸鳍、臀鳍黄色(图 8-1)。

红鳍东方鲀

假睛东方鲀

暗纹东方鲀

图 8-1 三种主要东方鲀养殖种类

二、生态特性

(一)特殊生活习性

1. 胀腹

河鲀胃的一部分,形成特殊袋状气囊,它可以吸入水和空气而使腹部膨胀成球状。此习性被认为与威吓对方、避敌和自卫有关。皮刺为胀腹更增加了效果,并且与胀腹的习性有关。一般腹部皮刺发达,而背部略差,尾部几乎没有。在个体发育中,在皮刺长成之前,无胀腹现象,如红鳍东方鲀。

2. 钻沙

河鲀鱼经常会将腹部朝下,"坐"在海底,将身体左右剧烈晃动,拨开海底的沙子,并用尾部将沙撒在身上,埋于沙中,眼睛和背鳍露出外面。

3. 闭眼

一般来说,多数鱼类没有眼睑,无法闭眼。但河鲀眼周围有许多皮皱,通过来回运动,这些皮皱使河鲀可慢慢眨眼。在鱼类当中,迄今发现只有河鲀才有此习性。

4. 咬尾

河鲀生性凶猛,牙齿是愈合齿,呈鸟喙状,从稚鱼的长牙期开始一直到成鱼均会出现互相残咬现象。钓上来的红鳍东方鲀,一放入水槽中,即刻撕咬,有时可咬伤对方。因此,渔民常在钓上河鲀后将其牙打断,以防撕咬。

5. 发声

河鲀离水后能膨腹而发出"咕咕"声,所以民间称之为"气鼓鱼"。

(二)对温度、盐度的适应性

东方鲀为近海底层鱼类,其适温范围因种类不同而有所差异。红鳍东方鲀和假睛东方鲀类对高温的适应力较差。红鳍东方鲀生活的适宜水温为 10 ℃～27 ℃,生长的适宜水温为 16 ℃～23 ℃,水温低于 8 ℃不摄食,低于 5 ℃冻死,高于 32 ℃渐渐死亡。假睛东方鲀生活的适宜水温为 10 ℃～28 ℃,生长的适宜水温为 15 ℃～25 ℃,水温超过 28 ℃易应激反应,34 ℃开始死亡。暗纹东方鲀生活的适宜水温为 9 ℃～32 ℃,生长的适宜水温为 14 ℃～28 ℃。池塘养殖的双斑东方鲀可耐受35 ℃～36 ℃的短期高温。东方鲀大多数种类生活于温、热带海洋,少数生活在淡水中。适盐范围较广,海河鲀类在盐度为 5～32 的半咸水或海水中正常摄食和生长,但不适于长期在纯淡水中生存;江河鲀类则可在淡水中生活。

(三)食性

东方鲀属肉食性或杂食性鱼类,性贪食。仔鱼期主要摄食浮游动物,以后大量摄食虾、蟹类的幼体和其他鱼类的孵化仔鱼。幼鱼的胃含物中,鱼类占 96%,虾类、枝角类等小型甲壳类仅占 4%。成鱼的胃含物中,虾类最多(32.5%),鱼类次之(26%),蟹类较少(21.9%)。除此之外,成鱼还摄食海星、海胆、双壳类、乌贼、章鱼等。溯河种类,如暗纹东方鲀主食虾、蟹、螺、鱼苗、水生昆虫、枝角类和桡足类等,也食植物叶片和丝状藻等。其牙板适于咬断坚硬的食物。在人工养殖条件下,经驯食,能摄食配合饲料。

(四)生长

红鳍东方鲀为生活于海洋中的大型种,自然数量较少,但生长速度较快,是当前市场销售和养殖生产的主要鲀类品种,体长一般为 350～400 mm。如:1 龄全长为 24～25 cm;2 龄为 32～35 cm;3 龄为 41～43 cm;4 龄为 46～48 cm,5龄为 51～52 cm;6 龄为 54～56 cm;7 龄为 59～61 cm;8 龄为 62～65 cm。寿命约 10 年。捕获的最大个体全长约为 75 cm。假睛东方鲀、暗纹东方鲀、菊黄东方鲀和双斑东方鲀为本类的中型种,全长一般为 35～55 cm。养殖东方鲀生长速度快,一般全长为 5～6 cm（体重为 3～4 g)的当年鱼种养至 12 月份,体重可达300～400 g,继续养至翌年年底可达 750～1 000 g,已达商品鱼规格。

三、繁殖生物学

1. 繁殖期

红鳍东方鲀的产卵期为 3 月下旬至 5 月中旬,青岛附近产卵期稍迟,为 5 月上旬至 6 月上旬,盛期是 5 月中至 6 月初。假睛东方鲀产卵期在上海是 4 月上旬至中旬,在青岛是 4 月下旬至 5 月下旬,在莱州湾是 5 月上旬至下旬。菊黄东方鲀和双斑东方鲀的产卵期大体类似,在 3 月下旬至 5 月下旬,盛期在 4 月下旬至5 月初。暗纹东方鲀的产卵期在长江为 4 月上旬至 5 月下旬,5 月为盛期。

2. 产卵场

红鳍东方鲀和假睛东方鲀产卵场在我国的黄海北部和渤海湾沿岸及日本的五岛等,产卵场水深 20 m 左右,表层水温 14 ℃～18 ℃,盐度 32～33。暗纹东方鲀为近海与河川中、下层洄游鱼类。溯河性强,每年春末夏初性成熟的亲鱼群游入江河产卵,幼鱼生活在江河或通江湖泊中育肥,到翌年春季返回海里,也有直接入海的,在海里长大到性成熟时再溯河在淡水中产卵。在长江中下游江段或洞庭湖、鄱阳湖水系产卵,有时溯河达宜昌等地。

3. 繁殖亲鱼

东方鲀雌鱼的最小成熟年龄为 3 龄,一般为 4～5 龄,3 龄雌鱼(全长 40 cm左右)有一部分产卵,多数满 4 龄(45 cm 左右)产卵;雄鱼比雌鱼早一年成熟,雄鱼最小成熟年龄为 2 龄,一般为 3～4 龄。红鳍东方鲀性成熟雄性为 25～45 cm,

900～3 500 g;雌性为30～50 cm,1 000～4 500 g。假睛东方鲀性成熟雄性为24.5 cm,雌性为26 cm。东方鲀属一年一次产卵类型,怀卵量数万至数十万粒不等。雌鱼的怀卵量为每千克体重10万～30万粒。个体大者(体重4.5～6.7 kg)怀卵量可达150万～200万粒。如:红鳍东方鲀怀卵量,体重1 400～1 800 g,36万～58万粒;体重2 100～2 300 g,52万～75万粒;体重4 100 g,142万粒。怀卵量50万～80万粒的亲鱼居多。暗纹东方鲀怀卵量14万～30万粒。

4. 产卵习性

东方鲀为一次性产卵鱼类,雌鱼一次几乎排出全部的卵。但雄性不全部排精,逗留在产卵场等待其他雌鱼产卵。卵为圆球形、沉性黏着卵,卵径为1～1.38 mm。表面有不规则的波状裂纹,内有大小不同的油球数百个,集结成一团。卵子刚受精时较软,数小时后变硬,且受精后几小时内黏性较强,易聚集成团块,特别容易黏着在玻璃上,以后黏性逐渐减弱。不透明的淡乳白色卵膜使受精卵呈珍珠状白色,而不受精或坏死的卵子多数逐渐变成小米状黄色或紫色。从受精到孵化的时间,因孵化水温而异。水温为15.6 ℃～17.2 ℃,约需234小时;水温为13 ℃～15 ℃时,约需360小时。

四、发育生物学

(一)胚胎发育

红鳍东方鲀在18 ℃～20 ℃水温条件下的胚胎发育过程及特征见表8-1和图8-2。

表8-1　红鳍东方鲀胚胎发育时序(水温18 ℃～20 ℃;雷霁霖,2005)

发育期	受精后时间	主要外部特征
受精卵	0 h 00 min	胚胎开始发育
2 细胞期	1 h 30 min	第一次卵裂
4 细胞期	3 h 45 min	第二次卵裂
8 细胞期	5 h 45 min	第三次卵裂
多细胞期	15 h 00 min	细胞明显变小
高囊胚期	36 h 00 min	囊胚呈高帽状,突出于动物极
低囊胚期	42 h 00 min	囊胚高度下降,边沿向外扩展
胚胎绕卵黄 2/3	71 h 00 min	晶体变黑,体干部出现少量黑色素
发眼期	96 h 00 min	眼球开始变黑,体干部点状色素增多

续表

发育期	受精后时间	主要外部特征
胚胎绕卵黄 3/4	101 h 00 min	眼球发黑，体干部枝状黑色素增多
将孵期	141 h 00 min	即将破膜而出
孵化期	150 h 00 min	仔鱼开始大量孵出

（二）胚后发育

18 ℃～20 ℃水温条件下红鳍东方鲀仔稚幼鱼的发育特征（图 8-2，图 8-3）。

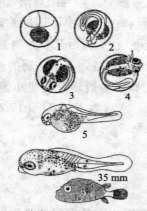

图 8-2　红鳍东方鲀早期发育（雷霁霖，2005）

1—2 细胞期的卵子；2—胚体围绕卵黄约 2/3 周时的卵子；3—胚体围绕卵黄约 3/4 周时的卵子；4—即将孵化的卵子；5—全长 2.57 min 的仔鱼；6—全长 3.74 min 的仔鱼 7—全长 5.35 mm 的仔鱼

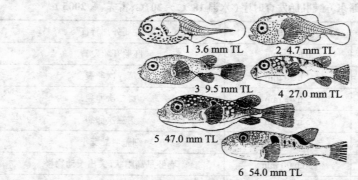

图 8-3　红鳍东方鲀仔稚幼鱼（雷霁霖，2005）

1—孵化后 6 天，卵黄囊吸收仔鱼；2—孵化后 10 天，鳍条形成；3—孵化后 20 天，稚鱼期；4—孵化后 45 天，鳍棘形成；5—孵化后 62 天，黑斑形成；6—孵化后 80 天，幼鱼期

初孵仔鱼的全长为 2.4～2.6 mm,卵黄囊大,油球表面分布有大量黄色素细胞,眼睛大,口凹小,体圆而粗短,胸鳍形成。

孵后第 3 天的仔鱼,全长为 2.7 mm～3.2 mm,平均为 3.0 mm。口已开,口径为 300 μm 左右。上下颌不发达。卵黄囊尚存 1/2。

孵后第 5 天的仔鱼,全长为 3.2 mm～3.8 mm,平均为 3.4 mm。卵黄囊消失,少数尚存少许。已开始摄食轮虫和贝类幼体。

孵化后第 10 天的仔鱼,全长为 5 mm 左右。胸鳍较发达,臀鳍鳍褶已分化。此时仔鱼开始出现"鼓气"习性,遇敌或离水后吸气,腹部膨大如球状。开始摄食卤虫幼体。

孵后第 16 天的仔鱼,全长为 6.5 mm 左右。大者近 8 mm,进入稚鱼期,背、尾、臀鳍开始分化,齿形成,腹部前方出现大量"小皮刺"。此时游泳速度加快,集群明显,主要摄食卤虫幼体。

孵后第 25 天的仔鱼全长为 18～20 mm。各鳍发育完善,呈黄色,背部青绿色,左右胸鳍上方各有一白色圆圈状的"大圆斑",上下颌各形成两块发达的门齿,已变为幼鱼。摄食卤虫成体、糠虾或鱼肉糜等。

孵后第 62 天幼鱼,全长为 40～47 mm。背部黑,花纹清晰,胸斑发达,D 基部黑斑开始出现,体形和习性似成鱼。

孵后第 80 天幼鱼,全长为 54～60 mm。形态习性与成鱼完全相同。

第二节　东方鲀人工育苗

下面以红鳍东方鲀为例,介绍东方鲀的人工育苗。

一、亲鱼

(一)亲鱼的来源、选择与运输

1. 亲鱼来源

红鳍东方鲀苗种生产可以依靠从产卵场直接捕捞临产亲鱼。每年 5 月,红鳍东方鲀洄游到黄、渤海沿岸,在山东、河北、辽宁省沿海繁殖盛期为 5 月中旬。可于 5～6 月份捕捞洄游至沿岸的产卵群体作亲鱼。目前还没有专捕河鲀鱼的网具,流刺网或拖网可以兼捕到此种鱼。此外,用定置网具的袖网(圈网)或钓捕也可捕获,且质量好于流刺网及其他网具捕获的亲鱼。据调查,山东的日照、青岛、烟台沿海,河北的秦皇岛沿海,辽宁的鸭绿江口、长山群岛沿海,均有红鳍东方鲀的自然分布。但由于其资源的锐减,且产卵期较短(仅 20 多天,盛产期仅 10 余天),给亲鱼捕获造成一定困难。因此,必须抓住产卵前的时机,组织人力、物力到产卵场进行亲鱼收购,以免因亲鱼不足而贻误育苗生产。目前国内已解决全人工培育的亲鱼,2000 年以来,全人工育苗已获成功,解决了从天然海区中捕获亲鱼的困难。

2. 亲鱼选择

海捕亲鱼应挑选体表无伤、活力强、体质健壮、性腺达 Ⅳ 期以上的个体。雄性 0.75 千克／尾以上,雌性 1.5 千克／尾以上。体重在 1.5～4 kg 范围者,雌雄比为 1∶9;体重在 3～7 kg 的雌雄比为 1∶3。

雌雄亲鱼的鉴别:雌性个体较大,性腺发育至 Ⅳ 期时,腹部膨胀,生殖孔略外突,充血微红,轻压腹部无卵粒排出。性腺发育到近 Ⅴ 期,腹部手感松软,有卵粒排出。雄性腹部较小,轻压腹部生殖孔,可见一小倒漏斗形生殖突起,性腺发育近 Ⅴ 期时,轻压腹部有乳白色精液流出。

3. 亲鱼运输

收购到的亲鱼,先置于帆布桶内暂养,当收购达一定数量后,集中起来用车运回育苗场。在长途运输时,要充氧或换水。装运密度以 8～10 kg/m³ 水体为宜。但由于红鳍东方鲀亲鱼性凶猛,加之捕捞受惊,不适应环境,极易相互咬伤。故一个帆布桶中放多尾亲鱼时,须采取措施,防止咬伤。采取装尼龙筛网袋(每尾鱼装一个 40 目筛网袋,规格长 45 cm、宽 30 cm)效果较好。

(二)亲鱼培育

亲鱼运回后立即移入室内水泥池暂养。亲鱼培育密度为 1 尾／平方米;调整雌雄比例为 1∶2～1∶3;水深 1.0～1.2 m;每天换水吸污 1 次,换水量为 3/4 或流水培育;开始 1～2 天内不投饵或少投饵,以后每天投饵 1 次,投饵量按 10～15 g/kg 投喂,并根据摄食情况调整,投喂鲜蛤肉、杂鱼、杂虾蟹等。在亲鱼暂养前期,可采取填鸭式喂饵,以防较长时间不摄食缺乏营养,造成性腺退化。微量充气,自然水温(15 ℃～18 ℃),弱光培育,保持安静。总之,在亲鱼暂养期间,要保持水质清新、饵料新鲜、环境适宜,以保证促进亲鱼性腺的正常发育。

二、采卵

(一)直接人工授精

捕获的亲鱼,若性腺成熟度好,即用手轻压腹部可挤出成熟卵粒及精液,则可现场采集精、卵进行人工授精。最好在捕后 2 小时内进行人工授精,这样可以获得较高的受精率。受精卵则运回育苗场。

人工授精具体操作与其他鱼类相似。由于河鲀产沉性卵且具黏性，宜用不易附着的塑料容器采卵。先在容器内加入 5～10 L 澄清海水，将鱼卵挤入水中，随后加入 1～2 尾雄鱼的精液，使海水呈乳白色，搅拌使卵子充分分离后，静置 5～10 分钟，连续用清水洗卵 3～5 次，直至海水完全澄清为止。

（二）人工催产与授精

亲鱼性腺达到 Ⅳ 期以上时，开始注射催产剂。常用的催产剂有促黄体素释放激素类似物（LRH—A）和鱼用绒毛膜促性腺激素（HCG）。一般 HCG 为 2 000～2 500 IU/kg，LRH—A 为 100～150 μg/kg，也可按 LRH—A50～100 μg+HCG 1000 IU/kg 亲鱼体重。雄鱼剂量减半。催产效应时间一般为 48～96 小时，若仍不能成熟可进行第二次药物注射。催产后的亲鱼，每天检查 1～2 次，发现自行产卵（多在凌晨），应及时将受精卵收集起来，经洗卵后放入孵化容器中进行孵化。不能自行产卵的则应及时人工采卵授精。

（三）自行产卵

海捕亲鱼经过精心暂养或人工催产，有一部分亲鱼可在池中自行产卵（10% 左右），卵子质量好，受精率较高。发现产卵后应及时收集、计数受精卵。计数方法：重量法 600～700 粒/克或容量法 670～920 粒/毫升。

（四）受精卵的运输

在亲鱼收购现场获得的受精卵要及时运回育苗场。运输方法是：可使用容量为 20 L 的塑料袋，装入 1/3 海水，充入 2/3 氧气，加 20 万～40 万粒受精卵，扎口密封装入泡沫箱待运。可运输 7～10 小时。长途运输可加 10 mg/L 抗生素以防细菌繁殖，并加少量冰块以防途中水温升高。引进或采购受精卵时，最好在当地孵化 2～3 天。一是可以从外观看出受精卵情况；二是受精卵黏性已退，不相互粘连，运输成活率提高。

三、孵化

河鲀卵为沉性黏着卵，宜采用充气、流水孵化法，以免卵子沉底结块。

（一）孵化设施

使用透明聚氯乙烯或玻璃钢孵化器（图 8-4 左），直径为 60 cm，高为 100 cm，容积 180 L，底部呈漏斗状，中间设一拦卵器。由底部充气使鱼卵不停地翻动。

由孵化器上方进水和由底部向上的弯管排水,保持自流循环,每日最大换水量为8次。孵化器应放置在照度为500 lx左右的室内。每个孵化器可容纳受精卵50万～100万粒,一般以放入20万～30万粒为宜。也可用60目或80目的筛绢做成直径60 cm、高90 cm的圆锥形网箱,吊挂在水泥池内(图8-4右),保持连续充气和微流水,每只网箱放卵20万～30万粒。

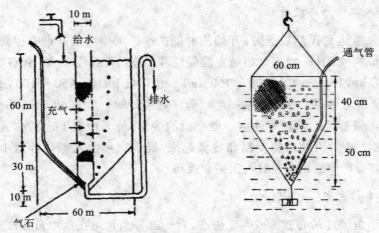

图8-4　河鲀孵化容器(刘立明,2006)

(二)孵化条件与时间

红鳍东方鲀适宜孵化水温为14 ℃～22 ℃,最适为16 ℃～20 ℃;适宜孵化盐度为25～32,最适为28～32;pH 8.0～8.4;光照500～1 000 lx。

孵化时间因水温而异,13 ℃～15 ℃约需15天;15 ℃～17 ℃约需10天;19 ℃～21 ℃需6～7天。一般从开始孵化到结束需3～4天,第1天孵出很少,第2天孵化70%,第3天、4天孵化20%～30%。

(三)孵化期管理

孵化时充气量适中,以将大部分卵子翻起为宜;流水孵化,也可每天定量换水2次,每次换水2/3～3/4。可使用2 mg/L抗生素,5 mg/L EDTA钠盐净化水质。

受精卵中若混有死卵,不仅会污染水质,而且会推迟孵化时间,应及时分离死卵。可轻轻搅动海水,使卵旋转,比重小的死卵集于表层中央,即可轻易除去。

为确保先孵仔鱼的质量,应及时将先孵出的仔鱼与未孵化受精卵分离。具体方法是:先停气、水,待受精卵下沉、仔鱼上浮至中上层之后,用虹吸管将仔鱼吸入60目尼龙筛网制成的网箱中或用勺舀出全部初孵仔鱼。仔鱼经计数后移入培育池培育,剩余卵继续孵化。

(四)受精卵的观察

红鳍东方鲀刚受精的卵柔软,数小时后变硬。卵子有一层较厚的淡黄色或珍珠白色的不透明卵膜,使其难以确认是否受精,且不易观察其发育情况。通常1～2天后,未受精卵或坏死的卵逐渐变成黄色或紫色,表面粗糙,易被捏碎,而受精卵则为乳白色或淡黄色,卵膜光滑,具光泽,卵子硬而有弹性,能承受较大压力而不破裂。数日后受精卵的体积和重量约比初受精时减小 $10\% \sim 15\%$。也可用培养皿取少量卵子滴几滴次氯酸钠溶液($4 \sim 5$ mL 海水中加 $1 \sim 2$ 滴),溶解卵膜后,用显微镜观察胚胎发育。注意:卵膜溶解后,应尽快用新鲜海水洗掉多余次氯酸钠,否则整个卵子很快会被溶解掉。发眼期前后出现色素细胞,这时透过卵膜容易辨认,也可确认受精。

四、苗种培育

整个培育过程可分为前期和后期两个阶段。

(一)前期培育

前期培育为自孵出至全长 $5 \sim 6$ 毫米的培育阶段,共 $10 \sim 15$ 天。

1. 培育条件

使用 $10 \sim 60$ m³ 的水泥池或 $1 \sim 2$ m³ 的玻璃钢水槽均可,容器内壁以深色为佳。仔鱼对光线要求较弱,光照度控制在 $500 \sim 1\ 000$ lx 为佳;水温为 15 ℃ ~ 20 ℃;pH $7.8 \sim 8.4$;盐度为 $25 \sim 32$;溶解氧不低于 4 mg/L,可进行微充气;氨氮 1 mg/L 以下。

2. 放苗密度

初孵仔鱼经分离计数后转入培育池中培育。仔鱼数量一次放足,不是同天孵出的仔鱼,不要放入同一培育池,以防止发育不齐,给后期培育造成不良影响。放苗密度一般以 2 万～4 万尾/立方米为宜。仔鱼数量多时,密度可提高到 6 万尾/立方米或更大些。集中培育,可节省饵料和便于管理。

3. 饵料投喂

初孵仔鱼第 3 天开口,口裂约为 300 μm。可直接投喂强化轮虫作为开口饵料,轮虫投喂密度为 $10 \sim 20$ 个/毫升,日投饵 $3 \sim 6$ 次。10 日龄的仔鱼(全长 4 mm),每天摄食轮虫 300 个左右。当仔鱼全长接近 5 mm 时,进入仔鱼后期,除投足轮虫外,可补充投喂卤虫幼体或桡足类。保持水体中 0.1～0.2 个／毫升。17 日龄仔鱼全长达 6.6 mm,各鳍鳍膜消失,进入稚鱼期。

4. 日常管理

前期可采取静水、微充气培育,定期添加小球藻,使水体中浓度达到 50 万个细胞／毫升。日换水 2～3 次,每次换水量 1/3～1/2,换水在投饵前进行。每日清底 1～2 次。透光率高的车间应设遮光幕调整。注意检测水质和观察摄食、生长,发现问题及时采取措施。

5. 中间出池

培育 10～15 天,当仔鱼生长到 5～6 mm 时,齿已长成,个体间也产生差异,出现互残现象,同时因密度过大而影响生长速度,因此需及时分选鱼苗、减低密度、扩大水体进行后期培育。出池时迅速降低水位,将鱼苗捞出计数后移入后期培育池中。前期培育成活率一般在 50%～60%。

（二）后期培育

后期培育为全长 5～30 mm 的培育阶段,约 35 天。

1. 培育条件

一般使用 20～60 m³ 的水泥池,水深 1 m 左右。后期仔鱼对光的适应能力稍强,光照度随鱼苗的生长而增强,可直接在室外露天池中培育。后期水温宜提高至 20 ℃～28 ℃,盐度 25～32,pH 7.8～8.4,溶解氧 4 mg/L 以上,氨氮 1 mg/L 以下。

2. 放苗密度

后期培育开始时进行密度调整,培养密度不宜过高,以 2 000 尾／立方米为宜。当稚鱼数量少时,尽量降低密度,提高成活率;若稚鱼数量多时,可将密度提高到 4 000～6 000 尾／立方米。全长 10～40 mm 的鱼苗,放养密度以 1 500～2 000 尾／立方米为宜。

3. 生长与生态特征

5 毫米仔鱼体色会随光照的强弱变化而变化,并出现"鼓气"和互相攻击现象,但残食尚不明显。7～8 mm 时各鳍鳍膜消失,进入稚鱼期,牙齿初步形成,开始出现相互残食并随生长残食加剧,被攻击者"鼓气"自卫直至被咬死,这时鱼苗死亡率增高。12 mm 以上的鱼苗,各部分器官基本发育完善,转入中下层活动和摄食。全长 18 mm 左右,变态为幼鱼,外形基本同成鱼。进入后期培育后,生长速度明显加快，日增长 0.8～1.0 mm，而且在室外又比室内略快。此期成活率为 35%～50%。

4. 饵料投喂

除继续投喂轮虫外，开始投喂卤虫幼体或桡足类，卤虫幼体的投喂量为 0.1～1.0 个/毫升，日投喂 4～6 次。随鱼苗生长而增加投喂量和次数，至 9～10 mm 时投喂以卤虫幼体和桡足类为主，并开始投喂配合饵料和糠虾、鱼肉糜等冰鲜饵料。20 mm 开始以投喂配合饵料、卤虫成体、糠虾、毛虾和鱼糜为主直至出池。投饵量，以每次投饵鱼苗不再摄食后，稍有剩余为原则。必须保证饵料质量和供应充足，特别是黄昏前的一次投饵要投足，使鱼苗吃饱，黎明时及时投饵，以防残食现象加剧。

5. 日常管理

换水或流水培养均可。开始日换水 2 次，换水量为 50%～100%；8 mm 时换水量加大至 200%。投喂配合饵料和冰鲜饵料后水质容易污染，应进行流水培育，每天交换量 200%～400%。每日或隔日吸污 1 次。充气量中等。进入幼鱼期可按不同规格分选一次。平日要加强水质检测和病害防治。

6. 出池与运输

当幼鱼全长达 25～30 mm 时，其形态与成鱼基本一致，适应外界环境的能力增强，培育稳定，可以及时出池，提供养殖苗种。鱼苗出池时，先将培育池的水放出 3/4（剩下 30～40 cm 水深），然后用手抄网捞入塑料桶或大盆中，计数后及时装车、船运走。运苗数量大时，用重量法抽样计数。运苗数量少时，单尾计数。目前的苗种运输，较近距离以车运为主，较远距离以空运、船运为主。车、船运用帆布桶或活鱼柜，全长 30 mm 左右的苗种，装运密度为 2 000～3 000 尾/立方米水体。车运使用氧气瓶充氧，船运采用流水或活水舱。运输途中无特殊情况，尽量不停车、船，以缩短运输时间，一般运输成活率达 90% 以上。充氧袋运输，适用于空运和较远距离的车运，这种运输因途中不能换水，装袋前应停食 12～24 小时，以免粪便污染水质。装苗量，全长 30 mm 规格的苗种，8～10 L 的水，装 175～200 尾；全长 40 mm 规格的苗种，8～10 L 的水，装 125～150 尾。运输时间在 24 小时之内，成活率 95% 以上。温差超过 5.0 ℃时，应使用保温车或用泡沫箱运输。空运因运输时间较短，成活率达 95% 以上。

但充氧袋运输，需要严格过渡。苗种运抵目的地后，要先将尼龙袋打开，连苗带水倒入事先准备好的容器内，边充气，边少许加入新鲜等温、等盐度海水，每次加水控制在 10% 左右,间隔 15 分钟,整个过渡大约需要 2 小时,切忌过急,要提前做好准备,精心操作。

7. 死亡高峰与对策

(1)仔鱼期(10～15 日龄)死亡高峰:仔鱼 5～6 mm 时门牙开始形成,随着生长,相互攻击的能力逐渐增强,并开始具备鼓气习性,即离水或受到刺激(相互攻击)吸气或吸水使腹部膨大如球状。鼓气初期,还不能顺畅地吸气、排气。受到刺激强行吸气后,不能及时顺畅地将腹部气体或水排出,造成失去平衡而漂浮于水面。漂浮后不能摄食,并且继续受到攻击,漂浮一天后死亡。

原因:① 密度过大造成相互攻击的机会增加;② 生长发育不齐,大个体攻击小个体,使之提前强行"鼓气";③ 饵料不足时相互攻击加剧,被攻击者强行鼓气自卫;④ 仔、稚鱼夜间有趋光集群的特点,夜间工作时灯光诱使局部密度过大,相互攻击加剧,一般夜间或黎明漂浮严重。

对策:开始具"鼓气"习性前(全长 5 mm),分池降低密度,增加投饵量,保证充足优质饵料,使鱼苗生长发育整齐。夜间尽量不开灯,必需的光源用布帘遮挡,避免灯光直射培育池。

(2)稚幼鱼期(20～50 日龄)死亡高峰:以 10～30 mm 相互残食最为严重,鱼苗相互攻击部位多为胸鳍、尾鳍、腹部。

原因:① 密度过大;② 饵料不足或不适;③ 发育不齐,个体差异较大。

对策:及时稀疏密度,注意投饵充足和饵料转换,适时进行大小分选。

第三节　东方鲀养成

红鳍东方鲀的养成方式主要有海上网箱、池塘、围网、港湾筑堤拦网和工厂化养殖等,以网箱和池塘养殖为主,下面分别介绍这两种方式。

一、网箱养殖

(一)养殖环境

要求海区流速适中,一般 10 cm/s 左右比较适宜;透明度要求 7 m 以上,透明度过低会造成鱼摄食不足、残食严重;水温要长期保持在 10 ℃～32 ℃ 范围内,最适水温 16 ℃～23 ℃,水温低于 12 ℃ 摄食减少,低于 8 ℃ 停食、活动减弱,高于 28 ℃ 活动减慢、抗病力减弱。

（二）苗种选择

养殖户选购苗种，最好从具有较强技术力量的大规格鱼种培育场购苗。要求：纯种红鳍东方鲀苗种，苗种质量好、体色正常鲜艳、体质健壮、游动和集群能力强、大小规格均匀、无畸形、无外伤，全长 3 cm 以上或全长 5 cm、体重 3 g 以上的幼鱼。放养前进行药浴或用淡水浸泡 5～10 分钟。

（三）养殖网箱

稚鱼期多使用 4 m × 4 m × 3 m 的小型网箱培育。个体达 100 克/尾以上时，移入 6～8 m 的网箱中继续饲养。至 300 克/尾时，为安全起见，移入金属网箱。规格有边长 8～10 m 的方形、多角形网箱或直径 10～15 m 的圆形网箱。

（四）饲育管理

1. 剪牙

为防止东方鲀互相撕咬及咬坏网箱的网线，提高养殖成活率，一般在体长10～15 cm（体重 100 g）时，第一次剪牙或拔牙；在体长 20 cm（体重 300 克/尾）左右，再剪牙一次。具体操作方法为：提前 5 天投喂土霉素药饵，剪齿前将鱼麻醉，用果树枝剪、电工钳或医用手术剪，将鱼的上、下门齿剪去，只保留齿基部少许。经药浴后将鱼放回。注意剪齿动作要快、轻，尽量避免损伤鱼体。通常剪齿后次日便能摄食。剪牙时的水温宜低于 27 ℃，2～3 个熟练工人 1 天可剪 5 000 尾。

2. 换网

随着鱼体的生长，要不断更换不同网目的网箱。稚鱼期至 1 龄鱼，全部采用聚乙烯网箱；鱼体重 300 克/尾以后，有换用 40 mm 网目金属网箱的；经剪牙和拔牙的养殖鱼，2 龄鱼也有使用聚乙烯网箱的。鱼体大小与网目的关系见表 8-2。

表 8-2　河鲀个体大小与网目的关系（刘立明，2006）

鱼体规格	时　间	网　目
10 cm 以下	6～7 月	4.2～5.6 mm
10～17 cm	7～9 月	15.9～21.6 mm
17～22 cm	9～12 月	21.6～50.5 mm
22 cm（300 g）以上	11 月以后	金属网箱 40 mm

3. 放养密度

要随着鱼体的生长，调整放养密度。放养密度过高会造成鱼体生长缓慢，互残现象严重;密度过低则会使养殖器材利用率不高。不同规格网箱放养不同规格鱼种的密度见表8-3。

表8-3　鱼体规格和放养密度的关系(刘立明,2006)

放养规格 (克／尾)	网箱规格(m)及放养尾数(尾)			放养密度 (尾／立方米)
	6×6×6	8×8×8	10×10×8	
< 100	2 000～2 500	4 000～8 000	10 000	9～14
100～300	1 300～1 800	2 500～3 500	5 000～7 000	6～9
300～500	800～1 200	2 000～3 000	3 000～4 000	4～6
> 500	500～800	1 500～2 000	2 000～3 000	2.5～4

4. 饵料与投喂

(1)饵料种类。红鳍东方鲀对营养物质的需求量为:蛋白质40%～50%、脂肪10%～12%、碳水化合物12%～18%、复合维生素3%及矿物质10%。目前养成所用的饵料,一般养殖前期多使用糠虾、虾、玉筋鱼;中后期投喂沙丁鱼、鲐鱼、玉筋鱼、斑鰶、六线鱼、秋刀鱼 Coloabis saira 和竹筴鱼等。也可将糠虾、杂鱼和粉末配饵各 1/3,再加 0.3%～0.5% 的复合维生素,混合做成冷冻湿颗粒饵料投喂。收获前可投喂含脂量少、氨基酸组成与东方鲀相似的乌贼、虾、牡蛎、文蛤等以提高鱼肉的质量。为了弥补各种单一饵料营养成分之不足,应当避免单一饵料的连续投喂,尽量混合使用多种饵料,最好使用配合饵料。配合饵料具有质量稳定、价格相对平稳、运输、贮存方便、调饵简单等优点。因此,随着红鳍东方鲀养殖在我国的广泛开展,配合饵料的研制生产与推广使用已成为必然趋势。

(2)投喂方法。为了减少相互残食,必须确保投喂适宜的饵料、足够的投饵次数和投饵量。饵料不足会引起互相残食,造成鳍的损伤而影响鱼的成活率,降低鱼的商品价值。养殖前期的投饵次数要多一些,冬季和成鱼期则少量投喂即可。一般鱼体重量在 50 g 以内时一天 4 次,50～100 g 一天 3 次,100 g 以上一天 2次即可。水温下降到 15 ℃ 以下时摄食量减少,低于 10 ℃ 则完全停止摄食。在水温较低的 12 月至翌年 3 月,每天投喂 1 次即可,水温比较高时,少量投喂能有效地提高成活率。在养殖前期,每天的第 1 次投喂越早,残食现象越少,最晚要在 8点以前喂完;最后一次投喂应在日落前 2～3 小时进行。养殖中后期的第一次投喂不必过早,9 点以前喂完即可,最后一次在日落前 2～3 小时进行为好。投饵量要以鱼的饱食量为准。当鱼仍积极摄食时,应继续投喂;当鱼沉到网箱底部后,可停止投喂。一般养成 1 kg 商品红鳍东方鲀,约需投喂 6 kg 饵料(湿重)。红鳍东方鲀的投饵率和增长系数的关系见表8-4。实际情况会随鱼体大小、海水温度、饵料种类、管理方法以及养殖环境的不同而变化。

表8-4　投饵率和增长系数（刘立明，2006）

月份	平均水温（℃）	鱼体重（g）	投饵率（%）	增长系数（%）
6	22	3	50	
7	26	3～20	30～20	5.1
8	28	20～70	20～15	4.7
9	27	70～120	15～10	5.1
10	24	120～200	10～5	4.5
11	21	200～280	5～2	3.2
12	19	280～350	2	2.7
1	16	350～350	1～0	
2	14.5	350～350	1～0	
3	15	350～360	1.5～0	16.0
4	17	360～340	1.5～2	5.7
5	20	400～450	2～3	6.4
6	22	450～510	2～3	6.0
7	26	510～580	3～4	8.2
8	28	580～670	4～5	9.4
9	27	670～770	4～5	9.7
10	24	770～880	4～5	10.7
11	20	880～980	4～2	11.0

5. 生长

红鳍东方鲀生长较快，6～7月海中网箱放养体重3～4克/尾的苗种，至12月底体重可达300～400克/尾，至翌年底可达1 000克/尾。此时可收获上市。红鳍东方鲀的最佳上市规格是1 kg，其价格最高。为了达到较好的养殖效果，12月份越冬前要投喂充足的饵料使鱼体重量达到350 g以上。越冬期间，在鱼尚能摄食的情况下，亦需尽可能保证少量投喂，以防降低体重和保证成活率稳定。越冬后，从4月底开始恢复正常生长，生长最快的时期，是在水温最为适宜的9～10月。体长2～3 cm的苗种，经一年半人工养殖，成活率一般为20%～30%，好的可达 40%～50%。

6. 日常管理

要经常检查网箱有无破损,防止风浪破网或鱼咬破网而跑鱼,定期换洗网衣,清除附着物,保持水流畅通。

二、池塘养殖

根据北方(山东省、天津市、河北省、辽宁省、江苏省)沿海地区的气候特点,可将红鳍东方鲀池塘养殖分为三个阶段:大规格鱼种培育期,从当年 6～7 月(全长 30 mm 以上的幼鱼苗)至 10～11 月越冬前;越冬期,从 11 月至翌年 4 月;养成期,从 4 月至 10～11 月。

(一)大规格鱼种培育期

每年的 6～7 月,可在池塘中放养全长 3 cm 以上的红鳍东方鲀苗种。此前要做好常规的清塘工作,与对虾(中国对虾、日本对虾)混养,也要按养虾的要求做好常规的清塘、进水、肥水等工作。

1. 池塘环境要求

养殖池面积以 $3×667～10×667\ m^2$,水深 1.5～2.0 m 为宜。要求水源充足,进、排水方便,水质清澈无污染,最好有深水海水或淡水水源,用于夏季高温期调低池水水温。混水海区的水要经过沉淀。养殖环境条件:水温 10 ℃～30 ℃,最适水温 15 ℃～25 ℃,极限水温,下限 8 ℃,上限 32 ℃;盐度 5～40,最适盐度 10～25;pH 8～9。

2. 放养及管理

(1)放养位置。将运回的苗种经过渡后,在池塘上风的清水处放养。

(2)放养密度。按 800～1 000 尾/667 平方米。如与虾混养,可在 4 月下旬至 5 月初放养虾苗 8 000～10 000 尾/667 平方米。

(3)投饵。要定点定时投饵,$20×667～30×667\ m^2$ 的池塘设 2 个投饵台。日投饵 2 次,一般为上午 9 时,下午 5 时。饵料以低值杂鱼、虾或配饵为主。刚放养的苗种,第一个月可投喂一部分卤虫成虫、糠虾等。投饵量(鲜重)可参照表 8-5。

(4)水质调控。一般半个月换水 1～2 次,根据各地水源、养殖池水质具体情况,掌握换水时间和换水量,确保水质清新。混水海区,要备有沉淀池,将海水沉淀好以供换水。池塘的正常水色应为褐黄色或黄绿色,透明度在 40 cm 左右,水色呈深褐色或黑色均不正常,应及时换水。夏季高水温期可在下半夜至凌晨进行换水,有利于降低水温。

(5)巡塘。每天定时巡塘检查3～4次,观察鱼的活动情况,检查池底残饵及排泄物积累数量,测定水温、溶氧等理化因子,做好记录。

表8-5 红鳍东方鲀池塘养殖投饵量(鲜重;刘立明,2006)

规格(尾/500克)	日投饵率(%)	每万尾鱼重(kg)	日投饵量(kg)	水温(℃)
500	100	10	10	15～20
100	50	50	25	20～25
50	30	100	30	25～30
25	20	200	40	30
10	10	500	50	30～25
5	7	1 000	70	25～20
4	6	1 250	75	20～15
3	4	1 600	64	15～10

(二)越冬期

在北方沿海地区,进入10月后水温逐渐降低,这时要提前做好越冬准备。当水温降低到10℃左右时,应及时将鱼移到室内或大棚内进入越冬期养殖。北方大多数单位或养殖户利用冬季闲置对虾、河蟹育苗室进行红鳍东方鲀越冬,少数有热源条件的(如地热、电厂余热、天然气等)建塑料大棚温室越冬。由于该种鱼的养殖需要16～17个月才能达到出口的商品规格(500克/尾以上,商品规格越大价格越高),其中越冬时间长达5～6个月之久(11月至翌年4月),越冬成本约占整个养殖总成本的1/3。因此,提高越冬成活率,保持一定的生长速度,降低越冬成本,是越冬成败的关键。下面介绍利用对虾、河蟹育苗室进行越冬养殖的管理。

1.鱼种入池

红鳍东方鲀养殖,一般每年6～7月进苗种,养至11月移入室内越冬(辽宁10月中、下旬)。鱼种规格为100～200克/尾。进入10月要做好越冬室设备的检修和各项准备工作,并根据天气预报掌握降温情况,当水温下降到8℃～10℃时,即排水、出鱼。此时,鱼种在该水温下活力下降,不易相互咬伤,耗氧量降低,运输安全。在水温允许的情况下,要尽量缩短室内越冬时间,降低成本。

2.越冬密度和入池后管理

合理的越冬密度,是提高越冬成活率、保持生长、充分利用设备、降低成本的重要指标之一。实践证明,掌握在 30～40 尾／立方米水体(5 千克／立方米)的密度是合理的。到越冬结束平均生长 50～75 克／尾,鱼种个体重达到 150～200 克／尾。若放养密度在 40 尾／立方米以上,则生长速度、成活率显著下降。从室外池塘或网箱转入室内越冬,密度突然加大,加上拉网、装运等环节的操作,鱼种需要一段时间(10 天左右)的适应恢复过程,因此必须注意勤换水,2～3 天换水一次,换水 2/3～3/4;水温控制在 14 ℃以上;连续充气,保持充足的溶解氧(4 mg/L 以上);投喂新鲜优质饵料;使用 1～2 mg/L 抗生素,防治受伤鱼体感染,使鱼尽快摄食,恢复体质,适应越冬环境。

3. 降低越冬成本

主要采取以下管理措施:

(1)利用深井淡水降低盐度和升温。随着鱼种适应越冬环境,室外温度逐渐降低,进入 12 月份后,自然海水温度降到 0 ℃以下。为使越冬池保持 12 ℃以上水温,需要大量供热,耗费燃料、电力等。根据该鱼适盐范围广(5～40),利用地下淡水水温(14 ℃～15 ℃)高的特点,结合换水,每次降低盐度 5,使盐度逐渐地过渡到 8～10。自然海水盐度一般在 25～32,用 1/3 的自然海水,兑 2/3 淡水,盐度一般在 8～10。换水后的越冬池水温在 9 ℃～10 ℃,稍加温即可达到 12 ℃以上的越冬水温指标,能节约燃料、电力 2/3,既大大降低了能耗和成本,又使盐度在安全范围内。待到第二年 4 月初,越冬结束前再逐渐过渡回升至自然盐度,这时的自然水温也回升到 12 ℃左右,为转入室外养成做好准备。

(2)间断充气。越冬期间,使越冬池保持足够的溶解氧是必要的。但连续充气,当水中溶解氧达到饱和状态时便不再增加,如继续充气,将造成电力的浪费。通过观察和提取水样测定,溶解氧不低于 3 mg/L,鱼种则正常摄食和游动,无缺氧征兆。一般海水充气(1 个充气石／平方米)40～50 分钟达到饱和状态(6 mg/L 以上)。在水温 12 ℃,放养密度 40 尾／立方米的条件下,从溶解氧饱和状态至消耗到 3 mg/L,需 4 小时以上。所以,采取充气 1 小时,停气 3 小时的间断充气,可节约电力 3/4。

(3)倒池、换水。一般 1 个月倒池 1 次,彻底消毒越冬池。倒池时最好邻池,这样,劳动强度低、效率高,并且越冬鱼不易受伤。同时,可利用原池上层水的 1/3,虹吸到消毒好的池子,即可开始倒池。然后按比例加入海、淡水,调整盐度至 8～10,水温达 12 ℃以上。这样,既达到倒池清污、换水的目的,又不影响鱼的正常摄食。换水一般 1 周 1 次,每次换水 3/4。结合换水吸污,达到延长换水周期,节约能源的目的。

4. 投饵

在越冬期间,因水温较低(12 ℃～13 ℃),鱼的摄食量较小;投饵量一般在3%左右。日投饵1～2次,在上午或下午光线好时投喂。饵料一定要用新鲜的杂鱼、杂虾、沙蚕等;冷冻的饵料,要提前解冻,洗净,剁成2～3 cm的小块。边投饵、边观察摄食情况,待基本吃饱时停止投饵。避免过量投饵沉积池底腐烂,败坏水质,不但浪费饵料,又给换水、清污造成麻烦,增加了不必要的人力、物力投入。

5. 疾病防治

越冬期间疾病较少。但因长时间摄食杂鱼、杂虾饵料,尤其鲜度不好时,极易患肠炎病,造成消化不良,停止摄食。

防治方法:每月用两次土霉素,浓度为1～2 mg/L,全池药浴,每次连用2～3天。亦可在饵料中拌入上述药物,用量为0.05%～0.1%,连用2～3天,预防此病效果甚佳。

（三）养成期

越冬后,从第二年的4月中旬至10月下旬,是养殖的最后阶段。当4月中旬室外水温稳定在12 ℃以上时,将鱼种移到室外土池养成。因早春北方寒潮较频,土池水位应尽量高些,水深达到1 m以上为好,水温变化幅度较小。放养密度100～200尾/×667平方米,最好套养5 000～8 000尾/×667平方米中国对虾或日本对虾。鱼的粪便和吃剩的残饵做虾的饵料,不需单独管理,可收获一定数量的虾,有时比单独养虾产量还高。定时定点投喂,日投饵2次,每天上午9时一次,下午5时一次。投饵量为鱼体重的3%～7%,可根据水温和残饵情况,掌握投饵量。每半个月换水一次,保持水质清新。7～8月高温季节,要尽量保持池塘高水位,使最高水温在30 ℃以下。高温季节,饵料可适当偏少,防止残饵败坏水质。高温季节过后,是鱼增体重的时期,要投喂高蛋白、低脂肪的杂鱼虾。养至10月下旬至11月初,可达到500～750克/尾的商品规格。

养殖中要特别注意:

（1）高温季节防止池水过肥,要通过换水或药物控制浮游植物过量。换水时切忌将赤潮水或受严重污染的水换入池内。

（2）高温季节饵料易变质,切忌投喂变质的饵料。每隔半个月在饵料中拌入1%量的土霉素,连喂3天,防治肠炎。

（3）经常检查鱼的体表、鳃、鳍等是否有寄生虫、鱼鲺,及早发现,结合换水,使用0.5～1 mg/L的敌百虫杀灭。

在我国南方沿海地区,不需要进行室内越冬,可根据具体情况参考调整各项指标。在我国南方沿海地区经过一年半时间的养殖,平均尾重可达到 1 000 g,其经济效益显著高于北方。

第九章
黑鲪繁育生物学与健康养殖

第一节　黑鲪繁育生物学

一、分类、分布与形态特征

黑鲪 *Sebastodes fuscescens*（Houttuyn），又称许氏平鲉 *Sebastes schlegelis*（Hilgendorf），俗称黑寨、黑石鲈、黑鱼、黑头、黑老婆等，隶属鲉形目 Scorpaeniformes 鲉亚目 Scorpaenoidei 鲉科 Scorpaenidae 鲪属 *Sebastodes*（或平鲉属 *Sebastes*）。

平鲉属是一支始于古新世，广布于北半球温带水域的海洋鱼类，仅我国近海就有 10 种左右。其中黑鲪分布于北太平洋西部，是我国黄渤海及东海常见的经济鱼类，日本、朝鲜半岛沿海也有分布。

黑鲪体呈长椭圆形，稍侧扁。头大，眼稍大，凸出，位于头侧上方。眼间隔宽约等于眼径，吻略长于眼径，鼻棘显著。口大，前位；下颌较长，达眼后半部下方；上下颌、犁骨及腭骨有绒状牙群。眶前骨有 3 棘，前鳃盖骨 5 棘，主鳃盖骨 2 棘，侧线前端有 3 小肩棘。鳃孔大，达头下。D. XⅢ-12,A. Ⅲ-7,侧线鳞 44～48（11+/20+），鳃耙 7+（17～18）。D 相连，中间有一缺刻。第一 D 始于鳃孔稍前方，A 短，与第二 D 相对。P 侧低位，圆形，约达肛门。V 胸位，略短于 P。C 截形。背侧黑褐色，约有 4 条不规则横黑斑，体侧有不规则小黑点，腹侧灰白。各鳍灰黄，有黑斑（图 9-1）。

图 9-1　黑鲪

二、生态特性

黑鲪系冷温性近海底层鱼类。喜栖息于近海岩礁海域,营岩礁缝隙或海藻丛中生活。2龄以前多栖息于20 m以内水深处,高龄鱼可伴随其生长向深海移动,在接近产仔期又游回近海。不喜光,春、秋季可结成小群,作短距离洄游。

黑鲪较耐低温,耐温范围为2 ℃～28 ℃,甚至可达0.5 ℃不死亡。生长适温为10 ℃～24 ℃,14 ℃～22 ℃生长最快。5 ℃～6 ℃停食。最适盐度为28～33.4。

黑鲪系非常贪食的凶猛肉食性鱼类。它在自然海区中主要摄食杂鱼(鳀、黄鲫、方氏云鳚 *Enedrias fangi*、玉筋鱼、拟沙丁鱼、斑鰶、鱚 *Sillago* 等小型鱼类)、杂虾(对虾 *Penacus*、脊腹褐虾 *Crangon affinis*、鹰爪虾 *Trachy penaeus*、赤虾 *Metapenaeopsis*、细螯虾 *Leptochela gracilis* 等)、贝类等。其摄食量颇大,低龄鱼摄食量可达体重的7.5%,饱食量达11%。

黑鲪的自然种群中多为1～6龄、体长为145～450 mm、体重为60～3 250 g的个体,其中以体长150～200 mm、体重100～250 g的2龄个体居多。其年轮形成于每年的3～6月,低龄鱼早,高龄鱼晚。自然种群中有高达13龄,体重达5 000 g的个体。

黑鲪在人工养殖条件下的生长速度要快于天然条件下。天然的野生鱼1龄全长为15 cm,2龄为24 cm,3龄为32 cm,人工养殖鱼1龄全长为21 cm,2龄为30 cm,3龄为37 cm。其生长方程为 $L_t = 550.6[1 - e^{-0.294(t - 0.022)}]$,$W = 0.052L^{2.630}$。

三、繁殖生物学

1. 繁殖习性与繁殖期

黑鲪为卵胎生、一次性产仔的鱼类。雌雄亲鱼在每年的11月前后交尾,体内受精,胚胎体内同步发育。翌年春夏之交(4月下旬～6月上旬),发育完善的胚胎在体内孵化出仔鱼后,由母体一次性产出体外,无分批产仔现象。5月上、中旬为繁殖盛期,山东半岛最早于4月上、中旬便可捕到腹部膨大的怀仔亲鱼。

2. 繁殖场与繁殖水温

黑鲪多在近海礁石底质的水域产仔。其正常产仔水温为13 ℃～16 ℃,14 ℃～15 ℃为最适产仔水温,此时正常产仔亲鱼最多。

3. 性腺成熟与繁殖力

黑鲪的精巢属辐射型,大小与卵巢差异较大,只有卵巢的1/20～1/100。黑鲪的卵巢呈囊球状,其重量随胚胎发育发生较大的变化,即将孵化的卵巢重量可达 200～980 g,卵巢系数由受精前的 7.6% 发展到产仔前的 26.3%。

黑鲪的繁殖力较大,这在卵胎生的鱼种中是不多见的。经过实际测定,其繁殖力见表 9-1。

表 9-1　黑鲪的实测繁殖力（刘立明,1998）

年龄	3	4	5	6	7	8	9	12	13
繁殖力（万尾）	6.8	4.5～18.0	9.9～25.2	19.4～23.4	13.5～34.7	13.1～36.5	33.8～51.3	56.3	60.8
平均值（万尾）	——	11.1	15.7	21.4	26.2	24.4	42.6	—	—

4. 产仔亲鱼

黑鲪性成熟年龄,雄鱼为 2～3 龄,雌鱼为 3～4 龄。刘立明等于 1998～1999 年收集 47 尾野生亲鱼,其中 32 尾亲鱼能够产出仔鱼。亲鱼产仔年龄为 3～13 龄,体重为 1 000～5 000 g,全长为 35～62 cm,其中,仅有 19 尾亲鱼能够正常产仔,亲鱼正常产仔年龄为 3～7 龄,体重为 1 000～3 100 g,全长 35～52 cm。正常产仔的亲鱼中,4～5 龄体重为 1 000～2 210 g,全长为 38～47 cm 正常产仔的亲鱼数量最多。

四、发育生物学

1. 胚胎发育——体内发育、孵化

通过从受孕亲鱼体内取样可观察胚胎发育:黑鲪卵子圆球形,卵径为 1.25～1.29 mm,含有大小不等的多个油球;受精卵卵径为 1.29～1.33 mm;高囊胚期仍为圆球形,小油球数量变少;原肠期胚环下包卵黄 3/4～4/5 时,胚体雏形出现;胚体下包过程中,视囊、听囊、心脏逐渐形成;胚体绕卵黄一周时,头和胚体变得粗大;胚体绕卵黄超过一周时,胚体上的外部器官基本发育完善,即将孵出;仔鱼在体内孵出后,再产出体外。

2. 仔、稚、幼鱼生长发育

（1）早期发育阶段的划分及主要形态、生态特征。

根据黑鲪仔、稚、幼鱼的形态特征变化,将早期阶段划分为 A～P 共 16 个发育期（表 9-2 和图 9-2,彩页图 18）（刘立明,2013）。

初产仔鱼残余一卵黄囊和油球,仍处于前仔鱼期,但已能够开口摄食,肛门亦通,此时仔鱼具弱趋光性,可在水体表层活泼地平游。第 3～4 天,仔鱼全长（6.83 ± 0.07）mm～（6.92 ± 0.15）mm,第 5 天仔鱼卵黄囊已完全吸收,开始进入后仔鱼期,因此其前仔鱼期(图 9-2A)持续 4～5 天。后仔鱼期(图 9-2B～I)是仔鱼运动器官——奇鳍开始发生并逐步分化发育的阶段。随着奇鳍的发育,仔鱼的游泳能力逐渐增强,E～F 阶段仔鱼在背臀鳍担骨出现的同时,其活动习性由水层中较弱的分散游泳转变为产生明显的集群。仔鱼喜贴附池底、池壁处聚成"黑球"状群体。至 J 阶段,背、臀、尾鳍等运动器官的基本形成,表明鱼苗已由仔鱼期进入稚鱼期,此时稚鱼在水池中游动活泼灵敏,有较强的躲避能力,吸底时已难以吸出活鱼苗。稚鱼期鱼苗(图 9-2J～图 9-2O)各种鳍的结构进一步完善的同时,体内结构也发生剧烈的变化。其生态习性也由水体中上层游泳逐渐转归底栖生活。O 阶段鱼苗已基本完成变态发育,游泳速度大幅提高,鱼苗特别敏捷,能够活泼地在各水层快速游泳,静止时表现出类似成鱼的喜礁性贴壁栖息的习性。图 9-2 P 阶段鱼苗鳞被的完善表明鱼苗已进入幼鱼期,其形态结构、生活习性已与成鱼基本相同。

表 9-2　黑鲪仔、稚、幼鱼各发育阶段的主要特征(水温 15.2 ℃～20.0 ℃;刘立明,2013)

分期		阶段	日龄(d)	平均全长(mm)	形态特征	生态习性
仔鱼期	前仔鱼期	A	0	6.77	头顶、腹腔背缘、颈部、躯干肌节中部上、下侧分布星芒状黑色素细胞。具浅黄色卵黄囊和黄色油球。奇鳍膜质,胸鳍圆形、宽大、膜质,无腹鳍。口开启,肛门已通	具弱趋光性,可依靠肌节收缩在水面活泼地颤动式平游,并开始摄食轮虫,部分已能摄食卤虫幼体
	后仔鱼期	B	3	6.92	黑色素增多,卵黄完全吸收,残存油球,出现尾鳍原基增厚,前鳃盖骨出现一枚棘	游泳能力开始增强
		C	4	6.96	仍残存少量油球,脊索末端开始上弯,尾鳍下叶开始下突,隐约出现放射状尾鳍弹性丝	
		D	8～9	7.30	背鳍鳍担前部开始增厚,尾鳍担增厚明显,尾鳍条出现,躯干黑色素分布更广。仅残存少量油球。出现 2 枚前鳃盖棘,顶枕棘和眼后棘	大量摄食轮虫,能够顺利摄食与消化卤虫幼体
		E	10～11	7.64	躯干中部密布黑色素细胞,尤以上下边缘浓密。尾鳍条继续延长,出现腹鳍芽,背、臀鳍鳍担增厚。具 2 列共 4 枚前鳃盖棘	产生明显的集群,且喜在池底、池壁处聚成"黑球"状群体
		F	14～15	8.07	上下颌、鳃盖也出现黑色素。背、臀鳍鳍担骨形成,脊索末端明显上翘,尾鳍下叶后突	

续表

分期		阶段	日龄(d)	平均全长(mm)	形态特征	生态习性
仔鱼期	后仔鱼期	G	15～17	8.46	背、臀鳍条开始出现,尾鳍担骨形成,脊索末端上翘约45°。具2列共6枚前鳃盖棘	摄食特别旺盛,大量吞食卤虫幼体
		H	18～19	8.76	黑色素更浓密。背、臀鳍条约发育至原始鳍膜的一半,尾鳍条大部分形成。形成1枚主鳃盖棘	
		I	24～25	10.66	全身密布星芒状黑色素细胞,其间出现星点状黑色素细胞,仅前背部及尾柄无色素。背、臀鳍仅边缘留有原始鳍膜。脊索末端上翘近垂直,尾鳍发达,后缘近平直,上下缘留有较大鳍膜。具2列共10枚前鳃盖棘	
稚鱼期		J	25～26	10.87	星芒状黑色素基本被星点状黑色素代替,躯干中线黑色素尤浓密。各鳍基本形成,仅背鳍棘刚开始发生。尾鳍后缘平直,还留有原始鳍膜	在水层中活泼敏捷地游动,躲避能力明显增强
		K	26～27	11.40	背鳍棘开始增高,尾鳍基部仍残留原始鳍膜	
		L	29～30	12.42	背鳍棘继续增高,尾鳍基部仅余少量鳍膜	由水层中游泳逐渐转归底栖生活,开始摄食配合饵料
		M	31～32	13.40	背鳍棘较发达,软条部后端前移。尾鳍基部原始鳍膜基本消失。	
		N	37～39	15.60	全身密布星点状黑色素细胞,体中线处最密集。背鳍棘部相当发达,尾鳍原始鳍膜完全消失,胸鳍末端开始尖长	摄食配合饵料明显,开始出现残食
		O	49～51	21.50	黑色素细胞明显消退,鱼体呈金黄色,并在躯干部出现4～5条横带,背鳍棘部出现色素斑。单列共5枚前鳃盖棘,2枚主鳃盖棘。鱼苗体型、各鳍形态基本类似成鱼	完成变态,游速大增,静止时贴壁栖息,残食严重,并开始集群抢食配合饵料
幼鱼期		P	57～59	36.50	躯干部横带更明显,且背鳍棘部与软条部均出现色素斑。鱼苗全身披鳞,体型、鳍形更趋近成鱼	大量集群,抢食剧烈,完全具备成鱼的生态习性

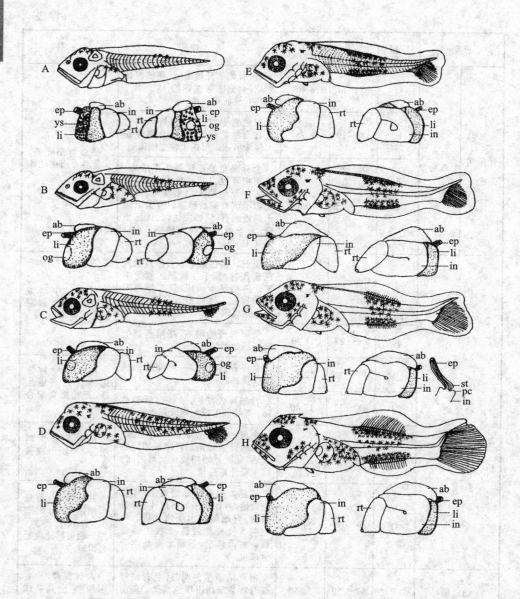

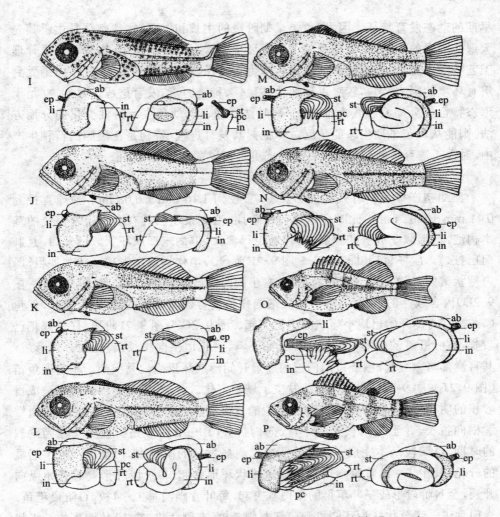

图 9-2　黑鲪仔、稚、幼鱼形态特征及消化系统发生（刘立明，2013）

ab—鳔；ep—食道；ys—卵黄囊；li—肝脏；in—肠道；rt—直肠；og—油球；st—胃；pc—幽门垂
A—6.77 mm TL；B—6.92 mm TL；C—6.96 mm TL；D—7.30 mm TL；E—7.64 mm TL；F—8.07 mm TL；G—
8.46 mm TL；H—8.76 mm TL；I—10.66 mm TL；J—10.87 mm TL；K—11.40 mm TL；L—12.42 mm TL；M—
13.40 mm TL；N—15.60 mm TL；O—21.50 mm TL；P—36.50 mm TL

　　对黑鲪早期发育的研究，以前多以日龄和生长参数作为发育进程的主要指标。本研究在考虑这一因素的同时，着重分析了黑鲪变态发育过程中的形态特征和生态习性变化，并以此作为阶段划分的主要依据和指示发育进程的重要标志，进而提出了明确细致的分期系统。可以认为，该划期方法可更确切地体现出黑鲪早期的动态发育特征。因为,鱼类早期阶段的生长和发育,往往部分是由于其先天遗传因素的控制,部分则反映了培育环境因素,如温度、盐度、饵料和水质管理工艺等的作用,因而单纯基于测量鱼体生长及仔、稚、幼鱼日龄的方法,由于受到培育环境的影响,通常较难以确切地体现仔、稚、幼鱼的发育进程。显然,立足于形态特征的分期系统较为准确,而同时结合仔、稚、幼鱼生活习性变化的分期方法,则能从鱼苗早期生态的角度总体把握其发育进程,特别是在黑鲪的苗种生产中,对人工培育措施的实施时机和方式更具指导意义和实用价值。

（2）仔、稚、幼鱼消化系统的形态发育。

黑鲪初产仔鱼具有残存的卵黄囊,直径为 1.10 mm ± 0.08 mm,油球直径为 0.41 mm ± 0.02 mm。此时仔鱼属前仔鱼期,消化系统已具有满足摄食需要的基本构造,已形成了肝脏和胆囊,消化道也已弯曲,但尚未形成环状。已开口,且肛门已打通。后仔鱼期（图 9-2B～图 9-2F 阶段）,消化道逐渐形成环状并加粗,肠内网状皱襞日趋发达。肝脏为左大、右小的两叶肝,其右叶肝前期（图 9-2B～图 9-2D）内含残存的油球,左叶肝的尖端随仔鱼发育逐渐尖长,胆囊呈葡萄状,仔鱼 C 在鳃弓内侧开始出现小瘤状的鳃耙突起。图 9-2G～图 9-2I 阶段,仔鱼鳃耙已较长,右叶肝脏的尖端继续变细并开始下弯,消化道横向拉长,胃逐渐分化形成,其盲囊部略微突起,围绕胃幽门部的肠壁开始形成环形幽门垂突起。稚鱼期鱼苗（图 9-2J～图 9-2O）的消化系统发生了剧烈变化。首先,胃盲囊部的膨大造成胃容积的明显增大,使胃日趋发育成典型的盲囊型。在胃体伸展的过程中,肠道继续横向拉长,并于 K 阶段开始下弯、向内折叠,L～M 阶段是折叠变化最为剧烈的时期,O 阶段基本完成了第一次折叠。胃肠发育的同时,幽门垂也产生了明显的分化,其中 J～K 阶段幽门垂形成短裙状环形突起,L 阶段环形突起开始纵向开裂,至 N 阶段形成三叶草形的幽门垂突起,每叶含幽门垂 3～4 枚。O 阶段稚鱼,幽门垂进一步分化成为环绕胃幽门部左侧 7 枚,右侧 3 枚,共 10 枚游离的长指状突起,基本完成了分化的过程。稚鱼的肝脏也发生了剧烈的形变,其左叶肝中部的突起逐渐回缩,但尖端却逐渐延长、尖细。图 9-2O～图 9-2P 阶段,鱼苗由于胃容积进一步扩大导致肠道由右向左弯曲并产生第二次相对轻微的折叠。幽门垂无明显变化,左叶肝愈加尖长。至幼鱼期（图 9-2P）,鱼苗的消化系统业已形成了成鱼的固有结构类型（图 9-2）。

由于黑鲪具有亲鱼卵胎生和仔鱼在体内孵化的特点,其初产仔鱼较真鲷、黑鲷、花鲈及牙鲆等浮性卵孵化的仔鱼具有更为发达的消化系统,这是由于它们种族维持方式的不同而导致消化系统分化状态的差异,但其开口摄食的仔鱼与大菱鲆、真鲷、黄鳍鲷等卵生鱼类相似,已具有了环状的肠管和初步的摄食消化能力。本实验观察到,黑鲷的初产仔鱼已经能够顺利地开口摄食与消化轮虫,甚至部分个体产出当天已能够摄食初孵卤虫无节幼体,但仔鱼初步功能化的消化系统使其此时尚无法充分消化吸收卤虫幼体,甚至排泄出的卤虫幼体尚未死亡。在黑鲷从后仔鱼期的末期到稚鱼期的演变过程中,伴随着背鳍、臀鳍、尾鳍等奇鳍鳍条的开始分化到大致形成,消化系统发生了飞跃性的变化,其中尤为明显的便是幽门垂的开始分化,且几乎所有鱼类幽门垂的分化时间均符合这样的规律性。据报道,鱼类一般在 2 cm 左右基本完成其固有消化系统的分化,当黑鲷发育到稚鱼期结束并开始进入幼鱼期时,全长达 2 cm 左右,胃、肠、幽门垂等已表现出本种所固有的类型和数量,基本符合这一基本规律。总之,只有了解了黑鲷仔、稚、幼鱼消化器官的形成过程,才能更深入地理解黑鲷早期摄食等生态习性的内在本质,进而为人工育苗中饵料管理措施的合理实施提供准确的参照和理论依据。

3. 仔、稚、幼鱼的生长变化

通过测定两批鱼苗的全长变化,发现其早期阶段的生长速度均逐渐加快,且以生长转折点为界,两批鱼苗的全长(y, mm)与日龄(x, d)均可拟合为三段直线(图 9-3 和图 9-4)(刘立明,2013)。第一批鱼苗培育水温 15.0 ℃～20.7 ℃,平均 17.2 ℃,第二批鱼苗培育水温 17.0 ℃～21.3 ℃,平均 18.1 ℃。其中,第一批鱼苗共出现两个生长转折点。第一个转折点在第 16～18 天,仔鱼全长 8.07 mm ± 0.63 mm ～ 8.44 mm ± 0.66 mm,多数仔鱼发育到 G 阶段(平均全长 8.46 mm),即背、臀鳍条刚开始出现的时期。此时,仔鱼的生长速度由前期极为缓慢的状态开始明显加快,同时,由于生长速度的加快导致仔鱼个体大小差异的显著增大;第二个转折点在第 50～52 天,稚鱼全长为 20.27 mm ± 2.15 mm ～ 21.13 mm ± 2.17 mm,多数稚鱼发育到 O 阶段(平均全长为 21.50 mm),已基本完成体内主要消化器官的分化,生长速度大幅度提高,稚鱼进入快速生长阶段,鱼苗个体间大小差异也进一步拉大。第二批鱼苗的生长也具有类似的规律,其两个生长转折点分别在第 15～17 天、全长为 8.19 mm ± 0.73 mm ～ 8.80 mm ± 1.01 mm,第 39～41 天、全长为 21.18 mm ± 2.49 mm ～ 22.77 mm ± 2.83 mm。

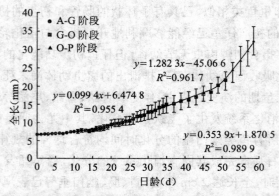

图 9-3　第一批黑鲪仔、稚、幼鱼的生长变化（刘立明，2013）

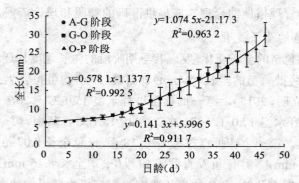

图 9-4　第二批黑鲪仔、稚、幼鱼的生长变化（刘立明，2013）

　　许多鱼类早期阶段存在生长的转折点或拐点。如牙鲆变态期的生长表现为加速→减速→再加速的生长特性,存在两个生长的拐点;横滨黄盖鲽 *Limanda yokohamae*（Günther）在变态期的生长停滞也造成变态前后出现生长的拐点。黑鲪仔、稚、幼鱼的生长虽一直呈加速状态,但也存在两个明显的转折点。可以认为,鱼类早期生长转折点的存在与其变态发育特性是密切相关的,即鱼类生长转折点的出现,通常伴随着鱼类自身形态和生态上的显著变化。鱼类的早期发育已充分证明了这一点,如鲆鲽类变态期生长转折点所伴随的剧烈的形态变化,而黑鲪的两个生长转折点则分别伴随着奇鳍条的开始分化和体内主要消化器官的分化完成,此时鱼苗也出现摄食习性的显著变化。鱼苗在 G 阶段开始大量摄食卤虫幼体,O 阶段则开始集群抢食配合饵料,而且正是由于此时摄食量的急剧增加,才促成了生长的转折性加速,因而掌握鱼类早期生长转折点的发生规律,可以在人工育苗过程中,选择恰当的时机实施合理的培育技术措施,比如,加强饵料的投喂,以促进鱼苗的快速生长。

4. 仔、稚、幼鱼摄食变化

通过研究前述两批鱼苗的摄食变化可以发现,黑鲼初产仔鱼(A)全长为 $6.77\ mm \pm 0.18\ mm$,口已开启,且口裂较大,$400 \sim 500\ \mu m$,已能吞入轮虫(被甲长 $200 \sim 250\ \mu m$,宽 $150 \sim 200\ \mu m$)。产出当天下午发现仔鱼已明显摄食轮虫,少数已能吞食卤虫幼体,但消化不良。第 $3 \sim 4$ 日龄(B),仔鱼全长为 $6.55 \sim 6.92\ mm$,开始明显摄食轮虫。第 $8 \sim 9$ 日龄(D),仔鱼平均全长约为 $7.30\ mm$,口径为 $500 \sim 600\ \mu m$,摄食轮虫较多,并已能顺利摄食消化初孵卤虫无节幼体(长为 $300 \sim 400\ \mu m$,宽为 $250 \sim 300\ \mu m$)。由于卤虫幼体个体大,运动能力较强,仔鱼开始时摄食成功率低,摄食量较少。随着尾鳍条的发育,仔鱼运动能力渐强,至仔鱼背臀鳍条开始出现,全长为 $8.44\ mm$,第 $15 \sim 17$ 日龄(第一批鱼苗)或第 $14 \sim 16$ 日龄(第二批鱼苗)(G),伴随仔鱼胃的发生,其摄食轮虫、卤虫幼体的数量大大增加,这与仔鱼第 1 次生长加速是相吻合的。稚鱼全长为 $12.42\ mm$,第 22(第二批鱼苗)~ 29 日龄(第一批鱼苗)(L),已能摄入 $250\ \mu m$ 的配合饵料,但摄食不明显。稚鱼全长 $15.60\ mm$,第 $37 \sim 39$ 日龄(第一批鱼苗)或第 28 日龄(第二批鱼苗)(N),随着肠道折叠的基本完成,开始明显地摄食配饵,此时已能较多摄取 $250\ \mu m$ 的配饵,并开始摄取 $300 \sim 500\ \mu m$ 的配饵。稚鱼全长 $21.50\ mm$,第 39(第二批鱼苗)~ 51 天(第一批鱼苗)(O),可以大量摄取 $300 \sim 500\ \mu m$ 的配饵,并开始摄取 $700 \sim 900\ \mu m$ 的配饵,鱼苗摄食旺盛且出现明显的集群摄食习性,这与鱼苗生长的第 2 次加速也是相吻合的。鱼苗发育到幼鱼期时(P),稚鱼全长为 $36.50\ mm$,大量集群摄食的习性已非常显著(见彩页图 19)(刘立明,2010)。

5. 仔、稚、幼鱼成活率变化与"危险期"

前述两批鱼苗成活率的变化见图 9-5。第一批鱼苗出现三个明显的死亡高峰期,分别在第 $1 \sim 5$ 天(图 9-2A～B)、$9 \sim 15$ 天(图 9-2D～F)和 $31 \sim 60$ 天(图 9-2L～P),由于初产仔鱼质量较差,且采用亲鱼原产仔池育苗的方式,育苗初期水质不佳,加之开口饵料不足,造成仔鱼死亡率较高,最初 5 天内减量超过 30%,第 $9 \sim 15$ 天减量超过 20%,第 31 天鱼苗出现大量死亡,进而引发细菌病,死亡持续至 60 天,最终成活率仅 2.1%。由于培育技术的改进,第二批鱼苗最终成活率 42.5%,明显高于第一批苗,期间也有三个明显的死亡高峰期,分别在第 $7 \sim 15$ 天(图 9-2D～F)、$25 \sim 29$ 天(图 9-2L～M)和 $39 \sim 43$ 天(图 9-2N～O)。鱼苗初期死亡率很低,死亡高峰期鱼苗减量也较第一批苗平缓。

根据黑鲪鱼苗成活率的变化（图 9-5），并参照其生长发育特征（图 9-2），可以认为，黑鲪早期阶段存在四个临界期（"危险期"）：第一个在图 9-2A～B 阶段，即仔鱼卵黄囊完全吸收，开口摄食前后，此时仔鱼面临内源营养到外源营养的转换，新旧机能的交替，仔鱼死亡率高低取决于亲鱼质量的优劣，初产仔鱼的健壮程度和开口饵料的充足、适口与否，第一批苗由于亲鱼蓄养与采仔方式的原因和开口饵料相对不足，此期死亡率较高，而第二批苗则未出现明显的死亡；第二个在图 9-2D～F 阶段，即仔鱼尾鳍条发育和背臀鳍担形成期，此时一部分体质较弱的仔鱼会由于营养摄入不足造成难以顺利进行器官分化而死亡，两批仔鱼均在此期间出现明显的死亡；第三个在图 9-2L～M 阶段，恰逢稚鱼消化系统，特别是肠管形态变化最为剧烈的时期，生长发育滞后，抢食能力弱，饵料营养摄入不足会导致稚鱼难以顺利完成剧烈的形态及生理变化而死亡；第四个在图 9-2N～O 阶段，即稚鱼消化系统的幽门盲囊由三叶草形开始分化为长指状，同时肝脏的形态也发生剧烈变化的时期，体质较弱的鱼苗同样会由于摄入营养不足导致消化器官发育分化受阻而死亡，此时鱼苗大小差异的进一步增大和残食的加剧会使小鱼苗被咬死，而大鱼苗却被其吞入的小鱼苗噎死，这也是死亡率较高的一个主要原因。第三、四临界期的存在是稚鱼期死亡率居高不下的主要原因，这使得后期培育较为困难，稍有不慎便有可能全军覆没。两批鱼苗在第三、四个"危险期"内均出现了显著的死亡高峰期，其中第一批尤为剧烈。由于第三临界期的大量死亡，引发鱼苗传染性细菌疾病，造成鱼苗自 L 阶段之后的持续死亡，直到鱼苗发育到 P 阶段为止，最终成活率较低。第二批鱼苗，由于措施得力，死亡率表现得较为平缓，并得到了有效的控制，最终获得了较高的成活率。

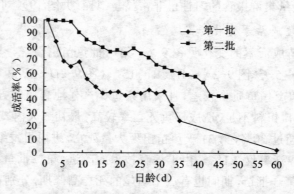

图 9-5　两批黑鲪仔、稚、幼鱼成活率的变化（刘立明，2013）

鱼类的"临界期"亦称"危险期",最早由 Fabre-Domergue 和 Bietrix 提出,指的是鱼类仔鱼从内源营养转换为外源营养时发生高死亡率的阶段,它是一个内在的发育阶段,其压抑或表露取决于仔鱼与环境的互动作用关系。临界期的主要标志是高死亡率,因此有的学者认为临界期可能存在于鱼类早期发育的不同阶段,除开口摄食外,还可能有孵化期、鳃丝形成期、上游期和变形期等阶段。如鲆鲽类在变态伏底前后、大菱鲆在开鳔期的高死亡率,均已充分说明临界期在鱼类早期发育阶段的普遍存在,而且,它的出现通常是以形态特征与生态习性的剧变为标志的。黑鲪早期发育阶段的四个临界期无一不符合这一特点,特别第三个临界期,即背鳍棘部开始分化、肠管发生明显折叠、幽门盲囊开始分化时,是最易出现高死亡率的阶段,一旦培育环境、饵料等不能满足鱼苗剧烈变态发育的需要,将不可避免地导致临界期的表露,这是黑鲪人工育苗中应特别注意的关键问题。

五、养殖概况

1. 经济价值与养殖优势

近年来,随着我国名贵海水鱼类自然资源的日益衰退,黑鲪以其较大的个体、较快的生长速度、较强的抗寒抗病能力、粗广的食性以及简便多样的养殖方式等优点,引起了我国北方沿海各省养殖业者的极大关注。黑鲪更以其鲜美细嫩的肉质在北方地区享有"黑石斑鱼"的美称,其种苗和养成鱼备受国内外市场的欢迎,是广大普通消费者可以接受的中上档次的鱼类。同时,黑鲪较强的耐低温能力(0.5 ℃仍能存活)使其可以在养殖海区自然越冬,即便在室内越冬,也不必进行耗资巨大的加温,这就使之具有比其他鱼类得天独厚的优势。根据其生态特点,山东、辽宁等省具有岩礁海岸的海域,是发展黑鲪资源增殖和池塘、网箱养殖的优良场所。因此,黑鲪是我国北方地区,尤其是山东沿海开展人工增养殖的优良鱼种,具有其内在的优势和广阔的开发前景。

2. 养殖发展概况

黑鲪人工育苗技术的研究始于 1970 年的日本青森县。到 20 世纪 90 年代初,育苗成活率已达 57.3%～69.5%(全长为 23.5～25.7 mm),单位育苗量达几十万尾的规模。

我国在 20 世纪 80 年代末开展了有关的研究工作,首先研究了黑鲪胚胎和仔鱼的发育(万瑞景,1988),而后进行了育苗实验与生产(刘禅馨、陈大刚、吴立新、冯东岳、毕庶万、吴光宗、姜海滨、张付国,1988～1998),成活率为 10%～40%(全长为 26.0～41.6 mm)。但是,目前普遍存在着前期培育(初产仔鱼→全长为 10 mm)成活率不稳定,后期培育(全长 10 mm→全长 30 mm)死亡率较高的问题,且原因不明,无合理有效的技术措施。

1998～1999 年,烟台大学海洋学院在执行"黑鲪人工育苗关键技术研究"科研项目中,对这一问题进行了较为深入的研究,研究了亲鱼的培育与健壮仔鱼获得技术,摸清了黑鲪仔稚鱼阶段生长、发育与存活等生物学特性,确立了早期发育阶段的"危险期",探明死亡致因并提出了相应的关键培育技术,以达到提高育苗成活率的目的,最终培育出平均全长 4.57 cm 的鱼苗 32.1 万尾,平均成活率达 31.6%。

我国、日本和韩国进行黑鲪的人工养殖较多,养殖方式主要是网箱养殖和土池养殖。

第二节　黑鲪人工育苗

一、亲鱼

黑鲪亲鱼的优劣对育苗的成败影响极大,获取健壮的怀仔亲鱼,即在亲鱼的采捕、选择、运输、技术处理、暂养等环节中采取科学合理的技术措施是获取健壮仔鱼、提高前期培育成活率和育苗成功的前提和基本保证。

1. 亲鱼的来源

黑鲪亲鱼可采用海捕亲鱼或人工养殖亲鱼。以前国内育苗仅能采用海捕亲鱼,在繁殖季节从海区中捕捞自然成熟待产的亲鱼。目前国内外已能使用人工养殖亲鱼进行育苗生产,人工养殖亲鱼利用率高,产仔稳定,且可以通过控温、控光技术来控制亲鱼的产仔时间。

2. 野生亲鱼的采捕与选择

野生亲鱼的采捕时间应在 4 月下旬至 5 月上旬,海区水温回升到 9 ℃～13 ℃时为宜。亲鱼质量优劣对产仔效果影响很大,应选择性腺成熟度高、腹部膨大、生殖孔红润或紫红色、向外膨大突出的怀仔雌鱼;亲鱼体色以银灰色、活力好、无伤病为佳,以定置网具捕获的较好,钓钩捕获的也可。

亲鱼的年龄与大小不宜过大,一般高龄亲鱼产仔效果较差,应选择 3～7 龄,体重为 1 000～3 500 g,全长为 35～55 cm 的个体。

亲鱼收集数量应根据育苗规模确定,可根据下列经验公式计算:

亲鱼数量 = 计划出苗量／(正常产仔率 × 亲鱼平均尾重 × 每千克亲鱼获健壮仔鱼数 × 育苗成活率)

通常野生亲鱼正常产仔率为 40% 左右,正常产仔亲鱼平均尾重为 2.0 kg,每千克亲鱼获健壮仔鱼 4 万～5 万尾。若计划出苗 30 万尾,育苗成活率达 30%,则共需亲鱼 25～30 尾。

3. 亲鱼运输

可使用车载帆布桶(或玻璃钢桶)充气(或充氧)运输亲鱼,运输密度不超过 15～20 尾/立方米(2～2.5 千克/尾);也可使用泡沫箱双层加厚塑料袋充氧密封运输。亲鱼不易受伤,但塑料袋易被亲鱼硬棘刺破,不宜长途运输。途中不要过度颠簸,以免亲鱼受伤、流产或呕吐胃中食物,影响亲鱼产仔前的营养积累。可在运输水体中添加 1×10^{-6}～2×10^{-6} 抗生素预防细菌感染。

4. 亲鱼消毒处理

亲鱼入池前以 100×10^{-6}～150×10^{-6} 甲醛溶液或 10×10^{-6}～15×10^{-6} 盐酸土霉素药浴,以杀灭亲鱼体表的寄生虫、细菌、真菌等致病生物,防止亲鱼蓄养期间患病或对仔鱼的纵向传染。

5. 亲鱼暂养

亲鱼暂养密度以 1～2 尾/立方米为宜,可采用流水培育,每天 2～3 个循环。水温为 9 ℃～16 ℃,盐度为 30 左右,pH 为 7.5～8.5,氨氮 < 0.5 mg/L,DO > 5 mg/L。水温为 10 ℃～12 ℃时,亲鱼开始产仔,14 ℃～15 ℃产仔达高峰期。因为仔鱼产出当天即能摄食,应做好准备工作,做好与育苗的衔接。

野生亲鱼暂养期间一般不能摄食,故不必投饵,注意遮光小于 1 000 lx,保持安静,避免惊扰亲鱼,防止早产。

亲鱼蓄养期间,易患腹侧溃疡症。膨大的腹部两侧由于受伤造成皮肤破损,鳞片脱落,继发细菌感染,造成亲鱼早产,严重者腹部破裂、亲鱼死亡。应在亲鱼收购、运输、暂养过程中防止腹侧受伤并作好消毒,症状较轻的可在患部涂抹抗生素药膏,并结合 5×10^{-6}～10×10^{-6} 抗生素药浴。

二、亲鱼产仔与仔鱼收集布池

1. 池养亲鱼产仔习性

亲鱼白天不活泼,单独或数尾聚集贴附于池底边角阴暗处(图 9-6)。产仔时间 22:00～4:00。若亲鱼夜间沿池边巡游则极有可能是即将产仔的预兆。如果亲鱼侧卧池底,呼吸困难或日夜不安地慢游则可能是难产或产死

图 9-6　池养黑鮶亲鱼

仔的征兆。亲鱼产仔时沿池边巡游,边游边将体内仔鱼一次性排出体外,并以尾鳍摆动将鱼苗均匀地散布于水中。仔鱼产出时呈黑团状或黑烟雾状,健壮仔鱼全长为5.60～7.00 mm,身体乌黑平直,可立即上浮水体表层游动;发育较差的仔鱼,体表灰白色,有的尾部卷曲,或呈未出膜胚胎状,很快沉底。

野生亲鱼总体利用率较低,且个体间产仔效果差异明显。人工池养条件下,亲鱼产仔一般表现为四种结果:顺产——产出仔鱼多数健壮;早产——产出仔鱼质量较差,多数或全部死亡;亲鱼难产——导致亲鱼最终憋死;性腺退化——亲鱼膨大的腹部逐渐消失。

分析野生亲鱼利用率低的原因:黑鲷高龄亲鱼繁殖能力退化;黑鲷亲鱼怀仔期为其越冬期,自然水温较低,饵料匮乏,若翌年春季亲鱼摄食量过少或亲鱼捕获过早,池养条件下拒食,使亲鱼产前体内营养积累不足;捕获及运输过程中对亲鱼的伤害,如眼睛受伤、腹部挤压擦伤、体表损伤、亲鱼呕吐等,以及蓄养过程中腹部两侧鳞片和皮肤受损,引发细菌感染和溃烂,甚至导致腹部破裂,这必然影响其体内胚胎发育,造成亲鱼产死仔,甚至亲鱼死亡。

2. 仔鱼收集布池

亲鱼原池产仔:亲鱼池作为产仔池兼育苗池,适合亲鱼数量少的小规模育苗,不必重新收集仔鱼,但对亲鱼繁殖有一定干扰,且布池仔鱼数量不易掌控。

收集仔鱼重新布池:专设亲鱼产仔池,采用容器舀出、溢流排水或虹吸法收集仔鱼重新布池,对亲鱼干扰小,易灵活掌控布池仔鱼数量,且重新布池后水环境清新洁净,有利于仔鱼早期发育,适合大规模育苗。

溢流排水口与集仔网箱水面的高度差不宜太大,以免较强水流对仔鱼的持续冲击,应随时将网箱内仔鱼移入育苗池,避免仔鱼过度密集。

三、苗种培育

(一)前期培育(初产仔鱼→全长 10 mm)

1. 仔鱼布池密度

仔鱼布池密度以小于 1.5 万尾/立方米为宜。鱼苗最终成活率与初产仔鱼布池密度密切相关,若密度过高,会造成饵料相对不足引发的鱼苗个体差异较大和其抢食能力差异之间的恶性循环,并会使后期培育期间生长发育滞后的鱼苗体质衰弱,器官分化受阻,以及鱼苗间剧烈的残食引发疾病,而大大降低最终成活率。以往培苗密度通常不超过 10^4 尾/立方米,由本次实验结果可知,在现有工艺条件下,不超过 1.5×10^4 尾/立方米的布池密度在生产中是合适的,过高的布池密度会使后期培育异常困难。

2. 培育环境与管理

前期培育水温应控制在 15 ℃～18 ℃，盐度为 28～32，pH 为 7.9～8.2。研究表明，在 15 ℃～21 ℃的水温条件下，适宜高温可以促进鱼苗的生长和变态，因而前期培育水温应以 17 ℃～18 ℃为佳。每天换水 1～2 次，每次换水 50%～80%。可以在第 1～2 天添水，第 3～10 天时换水 1 次/天，每次换水 50%～80%，以 60 目网箱换水；11～20 天时换水 2 次/天，每次换水 50%～80%，以 40 目网箱换水；21～50 天时全天流水，2～5 个循环/天，仅在投喂卤虫幼体后 2 小时内停水；21～30 天，中央排水筛管外套 20 目筛网；31～50 天以孔径 2.5 mm 筛管流水。每 1～2 天吸污一次；均匀充气，充气量渐增，避免 E～F 期仔鱼集群。

3. 投饵

仔鱼布池当天即应投喂轮虫，而且保持池内轮虫密度 3～5 个/毫升，可以保证仔鱼在开口前后能顺利完成营养方式的转换，度过第 1 个"危险期"。第 5～7天，仔鱼 7 mm 时开始加投卤虫幼体并逐渐加量，确保仔鱼摄入足够的营养以度过第 2 个"危险期"。第 15～18 天，仔鱼平均全长 8.50 mm 时，应加大轮虫、卤虫幼体的投喂量，以满足仔鱼第 1 次生长加速的需要，同时可避免仔鱼大小差异的拉大，为后期培育打下良好的基础。此时轮虫的投喂量应达最大 2 000个/(尾·日)，卤虫幼体投喂量达 500 个/(尾·日)。此后应逐日削减轮虫投喂量，增加卤虫幼体投喂量，至前期培育结束时(第 20～25 天，平均全长 10 mm)，停喂轮虫，但卤虫幼体投喂量增至 1 000 个/(尾·日)。轮虫投喂前以小球藻、鱼油或裂壶藻等轮虫营养强化剂和抗生素强化 12 小时，卤虫幼体投喂前以营养强化剂和抗生素强化 6 小时，再经漂洗后投喂。

（二）后期培育（全长 10 mm →全长 30 mm）

1. 分苗

可以采用多次分苗的培育方式。鱼苗全长达 10 mm 时分苗(约第 20 天)，使鱼苗密度小于 8 000 尾/立方米。后期培育鱼苗达 20～25 mm 时再分苗 1 次(第35～45 天)，使鱼苗密度至 2 000～3 000 尾/立方米。鱼苗达 30 mm 以上(50天后)可再分苗一次，密度掌握在 1 000～1 500 尾/立方米。

实践证明，采用疏苗培育方式可取得较好的育苗成绩。可采用前期高密度培育以便管理，后期疏苗培育以利生长的二级培育方式。

前期培育:初产仔鱼→平均全长 10 mm;后期培育:平均全长 10 mm→30 mm。分苗期选择仔鱼全长 10 mm 左右,即鱼苗进入第 3 个"危险期"之前,分苗密度 8 000 尾/立方米。此时多数鱼苗已进入快速生长期,摄食量大,所需生态空间明显增大,且处于"非危险期",鱼苗活力大,分苗操作不会对鱼苗造成不利影响。分苗也可稍早或稍晚,但最迟不宜晚于全长 12 mm,此次分苗以稀疏密度为主。后期培育可在平均全长 25 mm 左右再分苗一次,分苗密度 2 000 尾/立方米。此时多数鱼苗生长速度和摄食量开始急剧增大,且鱼苗已度过第 4 个"危险期",分苗操作不会对鱼苗产生不利影响。此次分苗在稀疏密度的同时,可使用网目 5 mm 的金属分选网箱,分选出 26~27 mm 以上和以下大小的鱼苗分池培育,以减少剧烈残食,降低后期培育的死亡率。

2. 水质管理

培育水温应适当升高,以 18 ℃~21 ℃为宜。每天流水 2~5 个循环。

3. 投饵

全长 10 mm 时,应加大卤虫幼体投喂量,适当投喂桡足类、糠虾、卤虫成体,开始驯化 ϕ250 μm 配饵;全长 15 mm 时,卤虫幼体投喂量达 2 000 个/(尾·日)后开始削减,同时开始投 ϕ300~500 μm 配饵;全长 20 mm,开始投 ϕ700~900 μm 配饵;全长 25 mm,停喂卤虫幼体。

由于黑鲪鱼苗食量很大,后期培育开始时,应继续加大卤虫幼体投喂量,至鱼苗平均全长 15 mm 时,达最高约 2 000 个/(尾·日),使鱼苗有充足的营养完成消化管的剧烈分化与折叠,安全度过第 3 个"危险期"。此后则应逐日削减,到平均全长 25 mm 时停止投喂。鱼苗平均全长 10 mm 开始,有条件的可适当添加桡足类、糠虾或小型卤虫成体,以减少卤虫幼体的用量,并有助于实现鱼苗肠道的顺利弯曲折叠和配饵的成功转化。全长 15 mm 左右的鱼苗开始驯化投喂配饵,20 mm 左右可以完全摄食配饵。完全转化配饵的稚鱼体内具有充足的营养完成幽门盲囊的分化和肝脏的形变,平稳度过第 4 个"危险期"。未成功转化配饵的鱼苗多为生长发育滞后的个体,由于抢食卤虫幼体能力弱,常聚集池底,体内幽门盲囊和肝脏分化受阻而死亡。此时,鱼苗的互残也是后期减量的主要原因,因此,投喂充足的饵料使鱼苗整齐健壮以减少残食,进而成功转化配饵是后期培育投饵的关键。

(三)苗种培育期的主要病害及防治

1. 霉菌病

水质不佳,残饵及底污清理不彻底常会引发此病。该病多发生于鱼苗全长

$7 \sim 8$ mm,尾鳍条及背臀鳍担骨开始发生时。此时鱼苗处于第2个"危险期"。当感染霉菌时,仔鱼上下颌出现霉菌丝状体,活力下降,浮于水面,游泳迟缓,最后沉底而死。该病的防治,首先须保持水质和育苗池的清洁。鱼苗发病时,可以用 1×10^{-6} 的硫酸铜药浴 $1 \sim 2$ 小时,能够有效地消除该病的蔓延。

2. 肠炎病

该病也多发生于鱼苗全长 $7 \sim 8$ mm时。病原可能由轮虫或卤虫幼体带入,患病鱼苗通常侧身漂浮于水面,肛门拖较长的白色粪便,解剖消化道,内无食物且充血发炎。该病短时间内会造成明显的死亡。发病时以 $3 \times 10^{-6} \sim 5 \times 10^{-6}$ 氟哌酸和 1×10^{-6} 漂白粉进行全池泼洒,同时将轮虫以 $10 \times 10^{-6} \sim 15 \times 10^{-6}$ 氟哌酸强化后投喂,疗效较好。

3. 弧菌病

该病是育苗期最为严重的疾病,多发生于后期培育期间,鱼苗全长为 $12 \sim 15$ mm,处于第3个"危险期",有时会延续到 30 mm以后。通常会由于放养密度大,鱼苗大小差异显著,造成小个体鱼苗摄食不足,体质衰弱而发病,水质不佳和池内污染也常成为该病暴发的诱因。患病鱼苗的明显症状是吻部充血发红,眼球突出,眼内出血,直肠红肿,肝脏发红,有的鱼苗出现尾鳍及背鳍基部溃疡。取病灶处组织镜检,可以见到稍弯曲的短杆状弧菌。

该病发病剧烈,传染迅速,短期内死亡率极高。该病应以预防为主,可以在育苗期间采取一定的预防措施:布池密度不宜过大,保持优良水质,每隔 $2 \sim 3$ 天交替使用 $1 \times 10^{-6} \sim 3 \times 10^{-6}$ 盐酸土霉素、氟苯尼考或新诺明等抗菌药全池泼洒加以预防。发病时,应随时捞出病鱼和死鱼,做好发病池与健康池的隔离,同时采用 $200 \times 10^{-6} \sim 300 \times 10^{-6}$ 甲醛溶液加 $20 \times 10^{-6} \sim 30 \times 10^{-6}$ 盐酸土霉素或 $1 \times 10^{-6} \sim 2 \times 10^{-6}$ 漂白粉加 $10 \times 10^{-6} \sim 15 \times 10^{-6}$ 氟苯尼考药浴 $1 \sim 2$ 小时。同时卤虫幼体投喂前用淡水加 $400 \times 10^{-6} \sim 500 \times 10^{-6}$ 氟苯尼考强化 30 分钟,配饵按 $3 \sim 5$ g/kg用量拌入氟苯尼考做成药饵投喂,有一定的疗效。实验表明,对该病的防治亦成为育苗成败的关键技术之一。

四、中间培育

中间培育的网箱规格以 3 m $\times 3$ m或 4 m $\times 4$ m为宜,网目需根据鱼种规格选择(表9-3)。鱼种放养密度,全长为 $2 \sim 3$ cm为300尾/立方米;全长为 $8 \sim 10$ cm为 $50 \sim 100$ 尾/立方米。每天投喂饵料 $2 \sim 4$ 次,日投饵率为 $10 \sim 40\%$,饵料种类可选择配合饵料或生鲜饵料。

表 9-3 中间培育鱼种与网箱规格

鱼种（cm）	3～5	5～7	7～10	10～14	14～20	＞20
网目（cm）	0.4	1.0	1.5	2.0	3.0	4.0
网线粗细（股）	6	6	9	12	15	15

五、海上越冬

中间培育至当年 12 月，水温降至 5 ℃以下时开始越冬。由于黑鲪耐低温能力强，越冬可以在海上进行。越冬前需要先换网，再进行分苗，全长 8～10 cm 鱼种以 50 尾／立方米为宜。越冬期间停食，翌年水温回升至 5 ℃以上时开始投喂，每天投喂 1～2 次，日投饵率为 0.5%～6.0%。

第三节 黑鲪养成

黑鲪的养成有网箱、网笼、土池、室内工厂化等多种方式。

一、海上网箱养殖

放养全长 10 cm 左右的苗种，一般翌年 6 月份全长可达 20 cm，体重为 160 g，秋季即可达商品鱼规格。如果有电厂余热水等养殖热源条件，一年即可养成商品规格（图 9-7）。养殖期间可投喂冷冻或新鲜杂鱼（玉筋鱼、拟沙丁鱼、鲐鱼、竹筴鱼）或冷冻湿颗粒饵料，饵料系数一般为 4 左右，也可全部投喂配合饵料。每月换网一次以改善水交换条件，2～3 个月分选一次，可在换网时进行，其他日常管理可参照常规网箱养殖。目前也有单位在大型深水网箱中进行养殖。

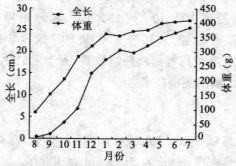

图 9-7 黄岛电厂温排水网箱养殖黑鲪的生长（9.5 ℃～24 ℃）（吴光宗等，1995）

二、海上网笼养殖

山东省长岛县科委 1990～1991 年曾进行了黑鲪海上网笼养殖（林克忠等，1993）。

（1）放养：6 只网笼（直径为 1 m，高为 1.3 m，网目为 2 cm）放养全长 8～17 cm（体重为 40～150 g）鱼种 114 尾。

（2）投饵：8～9 月每日投饵 1 次，10～11 月每日投饵 2 次，12 月每日投饵 1 次；12 月底至翌年 3 月越冬期间停食；翌年 4 月底开始投饵，由 1～2 天 1 次逐渐增加到 1 天 2 次，饵料种类以杂鱼、杂虾、扇贝边为主，日投饵率为 4%～8%。

（3）水深调整：适温期 5～6 m，12 月后沉至 8～9 m，翌年 4～5 月逐渐恢复原深度。

（4）越冬：自然海区越冬，最低 0.5 ℃

（5）养殖结果（7 月底至翌年 7 月中旬）：平均全长 17 cm，体重 150 g 的鱼种经过 11.5 个月笼养可达平均全长 35 cm，体重 654 g。

三、土池养殖

黑鲪生长快、适温范围广、适应性强、病害少、饵料转换效率高、养殖技术简单且商品鱼价格较高，是海上网箱和土池养殖的优良鱼种。根据我国的实际情况，可大力发展土池养殖。在自然水温适宜的条件下，可以选择小型土池用作后期培育池或中间培育池，充分利用土池中优质的生物饵料，培育出的大规格鱼种体质健壮，活力强，成活率高，经越冬后再放养到大中型池塘中，可望当年养成400～500 g 的商品鱼。

第十章
石斑鱼繁育生物学与健康养殖

　　石斑鱼俗称石斑、过鱼、鲙鱼，是石斑鱼属鱼类的通称。石斑鱼具有营养丰富、肉质鲜嫩、色泽艳丽等特点，是宴席上的名贵海鲜，深受国内外消费者的欢迎，在港澳地区还被视为吉祥之物，市场售价甚高。石斑鱼还具有生长快、适应能力强、饲养成活率高、便于鲜活暂养、经济价值高等养殖特性，是我国南方海水网箱养鱼的重要品种。东南亚、日本等国也有养殖。

　　我国常见的石斑鱼养殖品种有青石斑鱼 *Epinephelus awoara*、赤点石斑鱼 *E.akaara*、鲑点石斑鱼 *E.fario*、网纹石斑鱼 *E.chlorostigma*、六带石斑鱼 *E.sexfasiatus*、云纹石斑鱼 *E.moara*、宝石石斑鱼 *E.areolatus* 等。养殖石斑鱼所需的苗种，最初依靠在自然海区进行石斑鱼的钓捕来获取，随着石斑鱼养殖的发展，靠捕捞自然海区的鱼苗已不能满足养殖对苗种的需求。石斑鱼的人工繁殖研究始于20世纪60年代初，由日本率先开始；70年代以后，东南亚各国以及我国也相继开展了这方面的研究。经过努力，石斑鱼的亲鱼培育、产卵、孵化等技术已趋成熟，特别是赤点石斑鱼、青石斑鱼先后获得人工育苗的成功，目前均已能进行批量生产。近年来，优良杂交品种"珍珠龙胆"（雄性龙胆石斑鱼与雌性棕点石斑鱼杂交）的养殖也已在国内推广开来。目前，我国的石斑鱼养殖主要分布于南方地区的台湾、海南、广东、广西、福建等地。北方的天津、山东、江苏也有少量养殖，全国总产量达到5万～6万吨，经济效益达100亿元左右。

第一节　石斑鱼繁育生物学

一、分类、分布与形态特征

　　石斑鱼隶属于鲈形目 Perciformes 鮨科 Serranidae 石斑鱼属 *Epinephelus*。

市场上将老鼠斑视为石斑鱼中佳品,其实它是石斑鱼亚科、驼背鲈属的驼背鲈 *Cromileptes altivelis*,在分类学上并不属于石斑鱼属。

石斑鱼体长呈椭圆形或纺锤形,侧扁。口大,稍倾斜。上下两颌侧齿尖细,可向内倒伏。体被细小栉鳞。前鳃盖骨后缘具锯齿。背鳍鳍棘 10～12,与鳍条部相连,鳍条 10～20。臀鳍鳍棘 3,以第二鳍棘较大,鳍条 7～12。胸鳍圆形或三角形,无鳍棘。尾鳍圆形,少数为截形或浅凹形。石斑鱼的体色一般随环境和健康状况而变化,光线弱时体色变得深而黑,光线强时体色浅而亮,对环境不适应或病态时体色呈深暗色,有时还有黏膜状黏液覆盖。

石斑鱼的种类很多,全世界已有记录的 100 多种。该鱼属暖水性、岛礁性鱼类,广泛分布于印度洋和太平洋的热带、亚热带海区。我国记录的有 36 种,以南海最多,约 35 种,东海 10 余种,黄海仅 1 种。

1. 赤点石斑鱼

赤点石斑鱼,俗称过鱼、石斑、红过鱼、花斑。活体身体布满赤色斑点,背鳍最后部鳍棘的下方有一黑斑,各鳍棕褐色、无斑点,分布于印度、日本及我国的东海和南海。其是南海所产石斑鱼中产量最大、最为名贵的鱼类,也是华南沿海及东南亚一些国家和地区海水网箱养殖的主要品种之一。

2. 青石斑鱼

青石斑鱼,俗称青斑、泥斑,背部和腹部褐色,体侧有 5 条暗褐色纵带,其中第 1、2 条自背鳍鳍棘部向下伸至腹部,第 3、4 条自背鳍鳍条部向下伸至臀鳍,第 5 条在尾柄上各带不中断,体无黑斑。各鳍灰褐色。分布于日本及我国的南海和东海,为沿岸性鱼类,可生活于咸淡水或淡水中,肉味稍次于赤点石斑鱼,价格也稍低于赤点石斑鱼,但其生长快,抗病力强。

3. 鲑点石斑鱼

鲑点石斑鱼,俗称大斑、过鱼。新鲜时,体呈浅褐色,背部较深。头部、体侧和背鳍、臀鳍上散布有许多橘黄色小斑,背鳍基部和尾柄上有 3 个较大的褐色斑点。各鳍均有白边。广泛分布于非洲以及印度、印度尼西亚、菲律宾、中国及日本,是我国沿海网箱养殖的重要品种之一。

以上 3 种石斑鱼参见图 10-1。

青石斑鱼

赤点石斑鱼

鲑点石斑鱼

图 10-1　我国常见的石斑鱼

二、生态习性

石斑鱼为近海暖水性底层鱼类，分散栖息，一般不结成大群。活动范围较小，不做长距离洄游，夏天栖息于近岸水域，冬天向较深的水域移动，一般生活在水深40～50 m的海域。石斑鱼喜欢适度的光和弱光，并可随光强度的昼夜变化而发生相应的垂直分布变化，黄昏时石斑鱼升到上层，黎明后又逐渐下降。

石斑鱼是不作长距离洄游的地域性较强的定居性岛礁性鱼类，在自然环境中喜欢栖息在珊瑚礁、岩礁、多石砾海区的洞穴之中。赤点石斑鱼喜欢栖息在光线较弱的区域，在网箱养殖条件下，喜沉底或在网片折皱处隐蔽。青石斑鱼、网纹石斑鱼和云纹石斑鱼还有在海底掘洞穴居的习性。

石斑鱼属暖水性鱼类，其生存的适宜水温为15 ℃～35 ℃，生长适温为22 ℃～30 ℃，以24 ℃～28 ℃最适。当水温降至20 ℃时，食欲减退，当水温降到15 ℃以下时或超过35 ℃时，停止摄食，静止不动，病弱者则容易死亡，当水温低于10 ℃时，健康鱼也会死亡。如赤点石斑鱼的适宜生长水温为8 ℃～30 ℃，水温低于18 ℃时，食欲减低，低于13 ℃，食欲很低，水温低于9 ℃，基本上不摄食。石斑鱼对水温的变化非常敏感，如果在短时间内水温有较大的变化，石斑鱼的生理会失调，产生僵死或热昏迷，对生长极为不利，严重时会造成大量死亡。

石斑鱼属广盐性鱼类，其能够生活的盐度范围为11～41，最适盐度为20～32，在淡水中的最长忍耐时间约15分钟，过长会出现休克现象。当盐度低于16时，石斑鱼的呼吸频率加快，能量消耗增加，生长速度减慢。青石斑鱼可以在河口咸淡水海域作短期生活。

石斑鱼是凶猛肉食性鱼类，从开口仔鱼到成鱼终生以动物性饵料为食。仔鱼开口后以双壳类的受精卵、担轮幼虫和面盘幼虫为食，以后转以轮虫、枝角类、桡足类、糠虾为食，幼鱼期以后以鱼、虾、头足类为食。石斑鱼食性凶猛，且十分贪食。其中青石斑鱼的食物种类有鱼、虾、蟹、虾蛄、头足类、海胆、海蛇尾、藤壶等，而且偏爱虾、蟹等甲壳类食物。

石斑鱼常以突然袭击方式捕食，人工养殖时，一般不会到水面抢食，而是待饵料下沉一段距离后，再从隐蔽处快速游出抢食，但不食沉底食物。在饥饿状态下，对食物没有严格的选择性。如遇食物不适口或新鲜度差时，有吐食现象。石斑鱼还有吞食同类的习性。

石斑鱼生长较快，但随种类不同，生长速度差异很大。石斑鱼可分为大型鱼和小型鱼，其中赤点石斑鱼、青石斑鱼和鲑点石斑鱼为小型鱼。青石斑鱼1龄体长约为200 mm，体重为200～300 g，平均为220 g；2龄鱼体长为245 mm，体重

350～600 g,平均为 380 g;3 龄鱼体长约为 300 mm,体重为 500～900 g,平均为 680 g。鲑点石斑鱼 1 龄体长平均为 141 mm,体重为 250～300 g;2 龄鱼体长为 200 mm,体重为 500～600 g;3 龄鱼体长为 251 mm,体重为 800～900 g。通常从第 4 年起,生长速度开始下降。点带石斑鱼、云纹石斑鱼、巨石斑鱼和鞍带石斑鱼等属大型鱼,其体形大,生长速度也快,如巨石斑鱼,最大体长可达 2～3 m、体重达 200～400 kg;体重 100 g 的鱼种,经养殖 6 个月,体重可达 800 g。鞍带石斑鱼是目前养殖的石斑鱼类中生长速度最快者,1 周龄鱼体重可长至 1.5～3 kg,养殖 2 年体重可达 5～6 kg。赤点石斑鱼寿命为 8～10 岁,镶点石斑鱼为 12～15 岁,佛罗里达红斑为 30～50 岁。

三、繁殖生物学

(一)性别与性逆转

石斑鱼是雌雄同体、雌性先熟的鱼类,生活史中要经历性逆转过程。在生殖腺发育中,卵巢部分先发育成熟为雌性,继而为卵巢和精巢共存的雌雄同体鱼,最后精巢得到发育,再转变为雄性,即所谓"性逆转"。福建沿海的赤点石斑鱼雌性初次性成熟年龄个别为 2 龄(体长为 181～235 mm),多数 3 龄(体长为 231～295 mm,体重为 245～685 g);雌性转变为雄性的性转变年龄除个别(雄鱼只占 7.2%)为 5 龄(体长为 312～355 mm)外,多数(雄鱼占 57.5%)为 6 龄鱼(体长为 340～400 mm,体重为 960～1 700 g)。但在养殖条件下,平均全长为 289 mm、体重为 380 g 的 3 龄鱼,也可发生性转化。浙江北部沿海青石斑鱼雌鱼初次性成熟年龄为 2 龄,体长为 250～340 mm 时,雌鱼占总个体数的 77%～94%,雄鱼占 6%～23%,340 mm 以上者雄鱼比例速增,350 mm 时雄鱼占 50% 左右,370 mm 时雄鱼占 85% 以上,420 mm 以上几乎全是雄鱼。

(二)繁殖习性

1. 繁殖季节

石斑鱼的繁殖季节一般为春夏季,有的可延至秋初,低纬度地区的石斑鱼繁殖季节比高纬度地区的早。如赤点石斑鱼的繁殖期,在我国浙江南部沿海为 5 月下旬～7 月初,浙江北部为 6～8 月,福建为 5～9 月,台湾省为 3～5 月,广东南澳岛附近在 5～7 月,端午节前后为盛期,香港地区海域为 4～7 月,海南岛海域为 3 月底～8 月。青石斑鱼,浙江北部沿海产卵期为 4～6 月,海南岛为 3～7 月;鲑点石斑鱼产卵期在粤西海域为 4～6 月。产卵期与水温有密切关系。

赤点与青石斑鱼的产卵水温为 20 ℃～28 ℃,高峰期为 23 ℃～24 ℃,盐度在 22.6～28.5。

2. 产卵类型和产卵量

石斑鱼属一年一次分批产卵类型,在同一个卵巢中具有不同时期的卵母细胞,即使在已成熟、产卵 Ⅴ 期的卵巢中也存在较多的第 Ⅲ～Ⅳ 期的卵母细胞,且未呈现退化迹象,说明卵母细胞的发育是不同步的。当环境条件适宜时,卵母细胞仍能发育成熟,在一个繁殖周期内,卵子能分批成熟产出。石斑鱼的产卵量主要取决于雌鱼的种类和大小,个大的产卵量多,可达上千万粒。如体长 95 cm 的云纹石斑鱼,可产卵 2 710.8 万粒。个体小的产卵量少,只产几十万粒,一般以 20 万～70 万粒居多,如体长 187～352 mm 的青石斑鱼产卵量 5 万～50 万粒,体长 195～300 mm 的赤点石斑鱼产卵量 7.5 万～53 万粒。

3. 产卵行为

在室内水池人工饲养的赤点石斑鱼和青石斑鱼的产卵行为:产卵多在黄昏后,一般从下午 17 时开始,持续几个小时,偶有白天产卵。产卵是成对进行,临近黄昏雄鱼先出现明显的婚姻色,头部显示出明显的棕色深浅条纹,1 尾雌鱼在前面游动,1 尾雄鱼在后追逐,逐渐靠近雌鱼并以鳃盖推挤雌鱼,然后雌、雄鱼鳃盖紧贴并环游一段,接着变成直线向前速游,最后"啪"的一声雌、雄鱼头部一起顶出水面,尾柄部激烈地颤动,并激动地跳跃数次,同时排放卵、精,卵、精在水中结合。上述动作雌、雄鱼要反复多次,直到产卵和排精结束,雌、雄鱼才各自分开。全过程历时仅 1～2 分钟。多数种类的石斑鱼产卵行为是成对进行的,但也有个别种类如西大西洋有一种石斑鱼,是成群地进行产卵的。

4. 卵子形态

卵子圆球形,无色晶莹透亮,卵膜薄,属端黄卵,卵径为 0.69～0.90 mm(因鱼体大小和种类而异),卵中有一呈淡黄色的大油球,油球直径为 0.17～0.22 mm。

四、发育生物学

（一）胚胎发育

受精卵在 25 ℃～27 ℃时,经 23～25 小时即可孵出仔鱼,刚孵出的仔鱼全长为 1.5～1.6 mm。石斑鱼的胚胎发育经过卵裂期、囊胚期、原肠期、神经胚期、心跳期等阶段至仔鱼孵出。赤点石斑鱼发育过程如表 10-1 所示。

表 10-1　赤点石斑鱼胚胎发育（陆忠康，2001）

时间	水温（℃）	发育阶段
0 h 00 min	25.0	采卵，卵径为 0.74 mm ± 0.03 mm，油球径为 0.15 mm ± 0.01 mm，受精卵径为 0.77 mm ± 0.02 mm
0 h 30 min	25.0	胚盘隆起
0 h 43 min	25.0	2 细胞期
0 h 52 min	25.0	4 细胞期
1 h 03 min	25.0	8 细胞期
1 h 12 min	25.0	16 细胞期
1 h 25 min	25.0	32 细胞期
1 h 50 min	25.0	64 细胞期
2 h 45 min	25.0	桑葚期
3 h 25 min	25.0	囊胚初期
4 h 05 min	25.0	高囊胚期
5 h 40 min	25.0	低囊胚期
6 h 25 min	25.1	原肠早期，囊胚下包卵黄约 1/3
6 h 55 min	25.1	原肠中期，囊胚下包卵黄约 1/2，出现胚盾
8 h 15 min	25.2	胚体形成期，胚体绕卵黄约 1/2，卵黄囊上出现颗粒状物
10 h 50 min	25.3	胚孔封闭，克氏泡及视泡出现
11 h 20 min	25.4	肌节 3 对，胚体上出现颗粒状物
12 h 30 min	25.9	肌节 13 对，视泡中晶体形成
18 h 10 min	25.5	肌节 18 对，耳囊及心脏分化
19 h 20 min	25.4	胚体抽动，心脏开始搏动
19 h 40 min	25.4	心搏动 67～69 次/分钟
19 h 55 min	25.4	心搏动 74～76 次/分钟
22 h 20 min	25.2	肌节 23 对，尾部与卵黄囊分离，能摆动，鳍褶形成
23 h 30 min	25.1	卵膜被拉长、皱褶，头部开始顶出卵膜
23 h 45 min	25.1	仔鱼开始破膜，仔鱼全长为 1.16 mm，肌节 25 对
24 h 10 min	25.1	仔鱼全部破膜

（二）胚后发育

赤点石斑鱼的早期生活史见图 10-2。

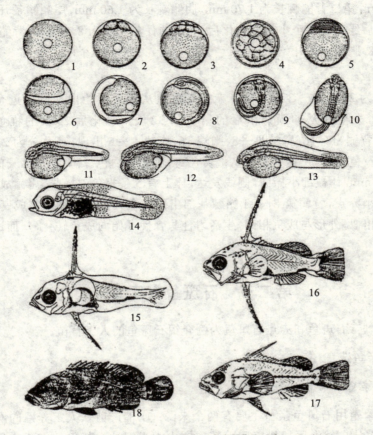

图 10-2　赤点石斑鱼早期生活史（陆忠康，2001）

1—未受精卵；2—2 细胞期；3—8 细胞期；4—16 细胞期；5—高囊胚期；6—原肠中期；7—胚体形成期；8—晶体形成期；9—尾部与卵黄囊分离；10—孵化中仔鱼；11—刚孵出仔鱼；12—孵化后 6 小时仔鱼；13—孵化后 24 小时仔鱼；14—孵化后 6 天仔鱼（全长为 2.86 mm）；15—10 天仔鱼（全长为 4.85 mm）；16—17 天稚鱼（全长为 8.75 mm）；17—25 天稚鱼（全长为 20.70 mm）；18—32 天稚鱼（全长为 34.1 mm）

1. 仔鱼

水温 25 ℃时，赤点石斑鱼仔鱼期为 17 天。刚孵出的赤点石斑鱼仔鱼全长为 1.09～1.21 mm，悬浮于水表面，全身透明，卵黄囊近似圆球形。孵化后 24 小时的仔鱼全长为 2.03～2.16 mm，胸鳍出现，卵黄囊被吸收约 1/2。孵化后 3 天的仔鱼全长为 2.47～2.62 mm，鳃盖形成，胃开始蠕动，肠管开通，卵黄囊很小，油球消失。仔鱼孵出 110 小时,卵黄囊吸收完毕。孵化后 6 天的仔鱼全长为 2.85～3.17 mm,形成 4 个背鳍棘原基,第二背鳍棘开始出现。孵化后 10 天的仔鱼全长为 4.85 mm,第二背鳍棘长为 1.70 mm,腹鳍棘长为 1.60 mm,尾鳍鳍条开始出现,前鳃盖骨后缘出现 2 个小棘。孵化后 17 天的仔鱼全长为 8.75 mm,背鳍XI—15,臀鳍Ⅲ—8,胸鳍鳍条开始出现,鳃弓鳃耙发育 6＋9＝15 个。

2. 稚鱼

水温为 25.2 ℃～32.4 ℃时,赤点石斑鱼从鳞片开始出现到接近全身被鳞的稚鱼期,发生在从卵膜孵出后的第 17～32 天。孵化后 25 天的稚鱼全长为 20.7 mm,背鳍XI—16、臀鳍Ⅲ—8、胸鳍 16、腹鳍Ⅰ—5 出现,鼻孔分为 2 个,头顶部布满黑黄色素斑,尾柄上有一丛橙黄色斑,腹部银白色。孵化后 32 天的稚鱼全长为 34.1 mm,体被细小栉鳞,侧线发达,体上有 5 条褐色斜横带,尾鳍成圆形尾,身体布满小赤点,背鳍第 8～11 鳍棘基部出现一个大黑斑。体形完成变态,各鳍条与成鱼相似,外形与成鱼相同,生活习性与食性开始向成鱼转化,从而进入幼鱼期阶段。

第二节　石斑鱼人工育苗

下面以青石斑鱼和赤点石斑鱼为例介绍石斑鱼的人工育苗。

一、亲鱼选育

(一)亲鱼的来源

人工繁殖用石斑鱼亲鱼主要有两个来源:① 催产前从人工养殖的网箱中筛选亲鱼;② 从自然海区捕捞运回网箱或室内大水泥池中暂养的亲鱼。从深水钓捕的亲鱼,容易产生鳔胀气,因为海底的压力大于空气中的压力,海水深度每增10 m 就增加一个大气压,当鱼被钓出水面的过程中,鱼鳔因压力减小而不断膨胀,如果不迅速放掉鱼鳔内的气体,石斑鱼会马上胀死,胃被吐出口外,故钓鱼时收线的速度不宜太快,出水后尽快施行人工放气手术。放气时,左手握鱼,右手拿12 号针头从肛门的斜上方、侧线下方、约在肛门与侧线间 2/3 的位置,斜向方向进针,只要听到"扑哧"响声,说明放气成功。然后用右手按住针孔位置轻轻将针拔出。将放气成功后的鱼放入水池中,则立即游入水底;若鱼腹向上,表明放气不尽;若鱼栽入水底无力而卧倒,表明刺伤了内脏,后两种情况的鱼均会死亡。

目前进行石斑鱼的人工繁殖,难点在于获取雄性亲鱼。由于石斑鱼是雌性先熟的雌雄同体鱼类,一般 6 龄才转化为雄鱼,又因过度捕捞,在自然海区的生殖群体中存在雌多雄少的性比失调现象,在人工养殖条件下培育高龄大个体雄性亲鱼时间长、费用高,所以人工繁殖所用的性腺成熟的雄鱼不易获得。因此,采用人工方法促使雌鱼向雄鱼的转变是石斑鱼人工繁殖的关键。如对 2～4 龄(以 2 龄为主)赤点石斑鱼投喂 50 天(46 次)外源性激素药饵(将 17α-甲基睾丸酮药片研成粉末均匀拌入鱼糜中投喂),每次剂量约为 5 mg/kg 鱼体重,累积量为 241.3 mg/kg 鱼体重,可使性腺转变的雄性亲鱼排精率达 93.5%,受精率 81.1%,胚胎发育正常。试验表明,在相同的处理条件下雌性高龄鱼的"性转变"时间比低龄鱼短,且较易获得排精的变性雄鱼,因此,在人工繁殖前应尽量选择较高龄的、个体较大的雌鱼做变性处理,效果较好。

(二)亲鱼的选择

应选择个体健壮、活泼、体表无损伤的石斑鱼为亲鱼。石斑鱼属雌雄同体,外形很难分出雌雄鱼,但可从以下几点来进行选择亲鱼。

1. 个体大小与年龄

因石斑鱼是属雌雄同体、雌性先熟的鱼类,一般雄鱼个体较大(赤点石斑鱼和青石斑鱼体重在 1.5 kg 以上),雌鱼较小(体重为 0.5～1 kg)。雌鱼 3～4 龄、雄鱼 5～7 龄。

2. 腹部形态

繁殖期雌鱼腹部膨大而柔软,生殖孔突出、微红;而雄鱼轻压腹部能流出精液。

3. 婚姻色

雄鱼先出现明显的婚姻色,鱼体雄壮美丽,头部出现明显的棕色深浅的条纹;而雌鱼无此特征。

4. 肛门、生殖孔和排尿孔的形态

雌鱼腹部有 3 个孔,从前至后依次为肛门、生殖孔和排尿孔;而雄鱼只有肛门和尿殖孔两个孔。

一般亲鱼的雌雄配比为 1:2 或 1:1。

(三)亲鱼的培育

1. 培育容器与放养密度

亲鱼培育可在室内水泥池或海上网箱内进行。长方形或圆形的水泥池均可,池深 1.5 m、水体 20 m³ 以上为宜,池面遮光,放养密度为 1～3 尾／平方米;海水网箱规格为 3.0 m×3.0 m×3.0 m 或 6.0 m×3.0 m×3.0 m,放养密度在 4～6 kg/m³。

2. 饲育管理

(1) 饵料及投喂。饵料以带鱼丝、龙头鱼、虾、鰕虎鱼、小杂鱼等新鲜、冰冻的杂鱼虾或配合饵料为主,每天上、下午各投喂 1 次。投饵量为鱼体重的 1%～5%,以饱食为度。当水温低于 15 ℃时,摄食量明显减少,当水温降到 9 ℃时,基本上不摄食。

(2) 水质调节。培育环境因子是:水温控制在 20 ℃～25 ℃、海水盐度为22～31、pH 为 7.8～8.2、溶解氧 5 mg/L 以上。要昼夜充气,每天换水和吸污各 1次,换水量 1/3 以上。

(3) 流水、采卵。当亲鱼在繁殖季节产卵时,每天傍晚进行流水,流水量控制在以水面在集卵孔 2/3 高度为宜。集卵孔外安放集卵箱(大小以亲鱼池大小而异),箱内放置 60 目筛绢做成的集卵网箱。

(4) 加强产后管理。因亲鱼生殖活动消耗,产后体弱消瘦,易罹患疾病,应注意亲鱼体质的饲养恢复,可移至室外池塘或海上网箱饲养。

二、采卵

获得石斑鱼受精卵的方法有人工催产、人工授精和自然产卵三种。

(一) 人工催产

1. 催产亲鱼的选择

催产用雌性亲鱼的体重在 500～1 200 g,腹部膨大柔软,卵巢轮廓明显,生殖孔红润、微凸。挖卵检查:用挖卵器或细塑胶软管(直径为 1.0～1.2 mm)自产卵孔插入 3～5 cm 抽取卵粒,镜检成熟度,卵粒易分离,蛋黄色,饱满,卵径为 0.3～0.5 mm,加透明固定液后观察卵核已偏向动物极的为已成熟的卵,可进行人工催产。雄性亲鱼体重要求在 2 000 g 以上,用手轻压腹部少量乳白色精液流出者成熟较好。由于石斑鱼精液量较少,检查成熟度时切勿挤压太重,以免造成不必要的精液浪费。

2. 催产剂的选择与注射

催产剂一般有鲤鱼脑垂体(PG)、绒毛膜促性腺激素(HCG)、促黄体激素释放激素类似物(LRH-A)等。雌鱼催产剂量为 PG10～12 μg/kg 鱼体重,或 HCG1 000～2 000 IU/kg 鱼体重,或 LRH-A$_3$ 3～5 μg/kg 鱼体重,雄鱼剂量减半。一般采用混合激素较好。催产剂量因石斑鱼种类、产地、饲养环境等不同而有所差异。一般分两次注射，首次注射全剂量的 1/7～1/5。间隔 24 小时，进行第二次注射，剂量为余量。雄鱼一般只进行一次注射，与雌鱼的第二次注射同时进行。

3. 效应时间

雄鱼在注射后不久，可见到头部出现明显的婚姻色。效应时间快的 35～36 小时，慢的 53～72 小时。经催产的雌、雄亲鱼，在饲养池内可自行产卵受精，平均受精率约 45%。也可进行人工授精。

（二）人工授精

宜采用干法授精。选取临产的雌鱼（腹部膨大，柔软，轻压腹部有透明卵流出者）和成熟雄鱼（挤压腹部有乳白精液流出者）；或者是经过人工催产后的雌、雄亲鱼（雌鱼经抽卵检查卵已呈圆形清晰透明，卵中具有 1 个油球、雄鱼挤压腹部有精液流出者），可行人工授精。

（三）自然产卵

采用周年人工培育和短期室内强化培育的雌、雄鱼，都能达到在人为环境条件下亲鱼自然产卵受精。如果是短期蓄养，则在繁殖期之前，从海上钓获的石斑鱼中选取强健、活泼、体表无损伤的雌、雄石斑鱼亲鱼，蓄养于室内水池中，人工投喂充足的新鲜优质饵料，进行营养强化培育，促使其性腺正常发育。当培育水温达 20 ℃以上时，开始产卵。产卵的环境条件：水温为 20.4 ℃～26.0 ℃，盐度为 22.6～28.5。产卵行为见前述。在自然产卵条件下，雌雄鱼比例以 1∶1.2～1∶1.5 为好，雄鱼过多会出现争斗现象，从而影响产卵和受精。

受精卵的收集可于翌日清晨进行，方法有两种：一是每天傍晚在亲鱼池进行流水，鱼卵随着流水通过集卵孔聚集于 60 目筛绢网箱内，于翌日清晨收集；另一种方法是于产卵翌日清晨，用浮游生物拖网在池中来回拖拉捞卵，拖网用 60 目筛绢制成，网口长方形，面积约 0.32 m²（0.8 m×0.4 m）。两种方法可结合使用，效果更佳。收集到的受精卵除去杂物、坏卵，稍微 漂洗干净，用容量法计数后放入孵化器中孵化。

三、孵化

（一）孵化条件

孵化用水必须清新，并严加过滤、消毒。避免敌害生物进入孵化器，以免影响胚胎的正常发育。水环境因子应满足如下要求,且保持稳定,变化不能太大。

1. 水温

孵化水温范围在 20.4 ℃～30 ℃。在适温范围内,水温升高,胚胎发育速度加快(表 10-2)。大约每升高水温 1 ℃,胚胎发育的速度则加快 1 小时左右。孵化水温高,孵化固然可加快,但如水温过高,则胚胎畸形多,存活率甚低,初孵仔鱼也瘦弱。当水温升到 31 ℃～32 ℃时,离出膜前半小时左右的胚胎发育异常并导致死亡。孵化水温以 25 ℃左右最佳。

表 10-2　石斑鱼孵化速度与孵化水温关系(谢忠明,1999)

孵化平均水温(℃)	孵化速度(小时)	试验鱼种类	作者
20.0	41	赤点石斑鱼	萱野泰久,尾田正(日本)
23.1	29	赤点石斑鱼	萱野泰久,尾田正(日本)
24.1	28	青石斑鱼	薄治礼,周婉霞(中国)
25.1	25	赤点石斑鱼	萱野泰久,尾田正(日本)
26.0	25.7	青石斑鱼	薄治礼,周婉霞(中国)
28.0	23	赤点石斑鱼	萱野泰久,尾田正(日本)
30.0	21	青石斑鱼	薄治礼,周婉霞(中国)

2. 盐度

石斑鱼是广盐性种类,盐度在 5～41 范围之内,均能孵化出仔鱼。不同盐度与受精卵沉浮及孵化率关系如表 10-3 所示。青石斑鱼和赤点石斑鱼人工孵化的盐度以 25～27 为最佳。低盐度孵化的仔鱼多贴池底,高盐度孵出的仔鱼则浮于水面,对仔鱼的成活率均有影响。

表 10-3　石斑鱼受精卵在不同盐度海水中沉浮和孵化率(%;谢忠明,1999)

海水盐度	受精卵沉浮情况	仔鱼孵化率	海水盐度	受精卵沉浮情况	仔鱼孵化率
0.12 以下	沉	0	2.39	多数浮	无计数
0.37	沉	卵拉长,不出膜	2.46	多数浮	无计数
0.50	沉	16	2.59	90%浮	78
0.63	沉	57.9	2.72	90%浮	无计数
0.89	沉	80.0	2.85	浮	无计数
1.42	沉	90.7	2.98	浮	98

续表

海水盐度	受精卵沉浮情况	仔鱼孵化率	海水盐度	受精卵沉浮情况	仔鱼孵化率
1.80	沉	86	3.24	浮	68.7
2.06	沉	72	3.76	浮	62.7
2.20	半沉浮	84	4.15	浮	94
2.33	半沉浮	无计数	4.27	浮	0

3. 溶解氧

溶解氧在 5 mg/L 以上。

4. pH

pH 为 8.0～8.5。

（二）孵化方式与管理

石斑鱼受精卵可在专用孵化容器内孵化，也可直接在鱼苗培育池内孵化。

1. 专用孵化容器孵化

可在孵化网箱、玻璃钢孵化桶或孵化缸等专用孵化容器内孵化。孵化网箱用 60 目筛绢制成，规格为 70 cm×40 cm×50 cm，网箱底部和上部四个角系上布带，以便将孵化网箱平整地缚于网箱架上。网箱架用木条制成，大小与孵化网箱相配。在架的四个角上分别安插竹条作固定孵化网箱用。孵化时，将孵化网箱固定在网箱架上，然后将其悬浮地放置在深度为 1 m 以上预先注满过滤海水的水池中，即可进行人工孵化。注意网箱要平整，不留折皱，以防鱼卵积聚死亡。轻微充气，使胚胎能在水层中轻轻翻动，待仔鱼出膜（或胚胎心脏开始搏动时）即停止充气，稍待片刻，虹吸出箱底死卵，即将初孵仔鱼移至培苗池中继续培育。孵化桶或孵化缸容积为 0.5～1.0 m³，一般放卵密度为 30 万粒/立方米。孵化时应保持微流水、微充气，并定时停气虹吸出沉底的死卵和污物。待仔鱼出膜后，连苗带水移入鱼苗培育池中继续培育。此法的优点是，死卵和卵膜不易被带入培苗池，但缺点是需花费较多的劳力，移苗时仔鱼易受损、死亡，还要调整育苗池与孵化池的水温，温差要小于 1 ℃。

2. 直接入池孵化

将受精卵直接放入培苗池中孵化，仔鱼孵出后继续留在培苗池中进行培育。孵化前先按常规将池子洗净消毒，注入新鲜、含氧量充足、经过滤和紫外线杀菌的海水,池中均匀设置若干个气石(1～2 m² 设置 1 个气石)。放卵密度为 3 万～5 万粒/立方米,移入受精卵后轻微充气,使水体产生缓流,以能使受精卵漂浮为度,充气太大或太小都不好。静水或微流水孵化。孵化过程中,尽量清除死卵,以防水质变坏。待大部分仔鱼已经出膜即停止充气,以防初孵仔鱼因水流的冲击损伤而降低成活率。孵化池子的内壁要光滑些,以防鱼卵摩擦损伤。此法的优点是,操作简便,可避免初孵仔鱼因转移造成的损耗,并能保持培育水体中小生境的相对稳定。但缺点是,死卵和卵膜不易清除干净。

孵化时可两种方法结合使用。即受精卵先置于专用孵化容器中孵化,待胚胎发育到心脏搏动初期停止充气,虹吸出箱底死卵后,将胚胎用 60 目抄网捞出移至育苗池继续孵化,注意水温差不要大于 1 ℃。

四、鱼苗培育

鱼苗培育指将仔鱼培育成全长 30 mm 鱼苗的过程。石斑鱼苗种培育较其他鱼类难度要大。下面介绍石斑鱼苗种室内育苗池培育方法。

(一)饲育水池

饲育水池详见第二章。

(二)放苗规格与密度调整

初孵仔鱼放养密度控制在 1.5 万～3 万尾/立方米水体,稚鱼为 0.1 万～0.5 万尾/立方米水体,幼鱼为 0.05 万尾/立方米。全长 7 mm 以上的仔鱼会发生互相残食现象,从而大大降低苗种培育成活率。为了避免互相残食现象的发生,应采取一系列防止措施:一是应按仔鱼大小进行分池培育,每隔 5～7 天分选 1 次;二是提高投饵的频度,每日投饵 4 或 5 次;三是应合理培育密度,全长约 10 mm 时小于 10 000 尾/立方米,全长超过 10 mm 时为 500～1 000 尾/立方米;四是在水体中设置掩蔽物,如悬挂海藻或底部投放石块和管子等可减少互相残食。

(三)饲育环境与管理

1.饲育环境要求

水温要求 20 ℃～30 ℃,其中以 24 ℃～28 ℃为宜,要防止昼夜水温剧变。盐度为 20～30,其中以 22～24 为宜。pH 为 7.8～8.4。溶解氧 5 mg/L 以上,避免阳光直射。

2. 饲育环境管理

为了改善水质和提供轮虫的饵料,仔鱼期一般要在池水中添加单胞藻,如小球藻、扁藻、等鞭金藻等,使其密度维持在 3 万～10 万个细胞／毫升水体。仔鱼前期采用静水微充气培育,仔鱼后期开始每日要定时换水,换水量由 1/10 逐渐增加到 1/3,并随日龄增加逐渐加大充气量。到稚鱼期每日换水 2 次,换水量从 1/3 逐渐增加至 3/5。幼鱼期日换水量为 80%～100%。另外,除每天测定水温、盐度、pH、溶解氧、光照等必要的环境因子之外,从第 15 天起,每日要进行吸污清底。

（四）饵料系列与投喂

1. 饵料种类

石斑鱼苗培育过程中,使用的饵料主要有以下 5 种:

（1）牡蛎受精卵及幼体。牡蛎的受精卵和担轮幼虫的大小为 $40～80\,\mu m$,与卵黄囊刚吸收完的石斑鱼的口裂大小相仿。担轮幼虫游泳能力不强,易被仔鱼所摄食,用做石斑鱼仔鱼的开口饵料效果非常好。

（2）轮虫,是石斑鱼仔鱼后期的主要饵料。以投喂用海水小球藻、扁藻和等鞭金藻等单细胞藻类培养的轮虫为宜。由于育苗过程的轮虫需要量很大,所以掌握轮虫大量的、稳定的培养技术,使轮虫增殖高峰与需要高峰相吻合是至关重要的。

（3）桡足类、糠虾及其他浮游甲壳动物。桡足类、糠虾等浮游甲壳动物作为仔鱼后期末和稚鱼期的饵料具有很好的饵料效果。投喂所用的浮游甲壳动物是天然采集来的,以桡足类为主,其次是糠虾和浮游幼体,以及海产枝角类,介形类和毛颚类等。

（4）卤虫。卤虫幼体作为仔鱼后期到稚鱼的饵料,可与野生浮游甲壳类互为补充。卤虫成体作为完成变态的稚鱼的饵料,可与其他饵料搭配投喂。卤虫在投喂前 6～12 小时必须用小球藻或鱼油进行强化培育。

（5）鱼、虾、贝肉糜及冰冻糠虾。将梅童鱼、小带鱼、小鲳鱼等小杂鱼和小白虾以及煮熟的贻贝肉剁碎,采集天然糠虾经速冻处理保存的冰冻糠虾,作为稚鱼向幼鱼发育阶段及幼鱼的饵料。在投喂前要用清水洗净。

2. 饵料投喂

仔鱼孵化后第 2 天,卵黄囊几乎吸收完毕,能平游,开口摄食。石斑鱼苗种培育期饵料系列可参照如下:牡蛎受精卵和幼体(开口至 10 日龄)→轮虫(4～30 日龄)→卤虫幼体(12～35 日龄)→桡足类(25～45 日龄)→卤虫成体(33～45 日龄)→糠虾、鱼、虾、贝碎肉(40 日龄以上)。

各种饵料日投喂量:牡蛎受精卵和幼体为 1～30 个／毫升,轮虫为 0.2～19.8 个／毫升,卤虫幼体为 0.1～3.5 个／毫升,桡足类为 0.1～2.2 个／毫升,卤虫成体为 0.1～3.5 个／毫升,糠虾为 8～16 个／毫升,鱼、虾、贝碎肉为 50～150 g。培育期间每日上下午各投饵 1 次,饵料种类及投饵量也要视残饵量和摄食情况及时加以调整。死饵料在投喂之前需用清水洗涤,除去黏液,投喂后清除池底残饵,可减少和避免育苗水质恶化对鱼苗生长、成活的影响。

五、鱼种培育

鱼种培育指将全长 30 mm(约 50 日龄)的稚鱼培育至体重 50 g 以上幼鱼的过程。由于石斑鱼有残食同类现象,尤其是在全长 5～6 cm 阶段更为激烈,因此,在鱼种放养之前,必须对鱼种进行选别,按个体大小分开进行培育,以免因鱼种规格大小悬殊而造成互残损失。鱼种的培育方法有水泥池培育和海上网箱培育。下面介绍水泥池培育方法。

(一)饲育水池

鱼种培育池一般是长方形、方形或圆形水泥池,容积 20～40 m³,水深 1.0～1.2 m,池底每平方米设置气石 1 个,并放置一些石块、空心砖、水泥管等掩蔽物,供鱼躲藏。

(二)放苗规格与密度

鱼种要求大小规格整齐,全长 30～50 mm,无病、无伤、无畸形,游动活泼,反应敏捷。在充气的条件下,放养密度为 400～500 尾／立方米。

(三)饲育环境与管理

水温要求 24 ℃～28 ℃,盐度为 11～41 都可培育,以 22～28 为好,pH 为 7.8～8.4,溶解氧 5 mg/L 以上,避免直射光照。每日早晚投饵前换水 2 次,日换水量 60%～100%,每日清晨结合换水进行吸污清底工作。也可进行微流水或流水养殖。

(四)饵料与投喂

饵料以冰、鲜小杂鱼为主,每日上午和下午定时各投喂 1 次。培育小规格鱼种时,可将小杂鱼以绞肉机绞碎拌以粉状配合饲料捏成小块投喂。投喂时要缓缓投喂诱其群起抢食,以免投饵过量而败坏水质。培育稍大的鱼种,可将小杂鱼切成大小适中块状撒投,饵料尚在水中悬浮时石斑鱼会从掩蔽物中快速游出抢食。投饵量要视摄食情况随时加以调整,尽量减少池底残饵。

（五）分池

幼鱼转入底栖生活,有时会出现群体过度集中现象(见彩页图20)。主要防止方法是尽量保持流水培育,水温要适宜。若发现少量活力不强的病弱苗,要及时舀出隔离。如果培育时间较长,会出现个体大小差异。为防止互残现象的发生,要根据鱼种的生长情况,定期进行分选。

第三节　石斑鱼养成

石斑鱼养殖历史较短,目前东南亚和中东地区,养殖巨石斑鱼和鲑形石斑鱼达到生产性规模;而在日本和我国香港、台湾、广东、福建、浙江等地,则养殖赤点石斑鱼和青石斑鱼已形成生产规模。成鱼养殖方式主要有网箱养殖、池塘养殖和室内工厂化养殖,南方地区以网箱养殖较为普遍,近年来,北方地区已从南方引进石斑鱼进行工厂化养殖,而且将两种养殖方式进行有机结合的新型"陆海接力"养殖模式业已出现。

一、网箱养殖

（一）养殖环境

海区应避风条件好、波浪不大、不受台风袭击。以砂质底、砾质底、礁石质底为好,水流畅通,流速适中,使网箱内流速保持在 0.20～0.75 m/s 为好。冬季最低水温不低于 15 ℃,夏季最高水温不高于 31 ℃。盐度相对稳定,盐度范围 20～32,不能低于 16,pH 为 7～9,溶解氧在 5 mg/L 以上,透明度在 1.5 m 以上。

（二）养殖网箱

我国网箱规格多为(3.0～5.0) m×(3.0～5.0) m×(2.5～3.0) m 的方形,可在网箱中挂几个带孔的轮胎、塑料鱼巢等作为石斑鱼的隐蔽物。若网箱内无隐蔽物,石斑鱼会过于集中在网箱的底部和角落,相互摩擦易造成鱼体受伤,进而感染病菌。网目的大小依鱼体大小而定,放养体长 10 cm 以下的鱼种,网目为 0.8 cm;放养 0.25 kg 以下的鱼种,网目为 2.5～3 cm;放养 0.25 kg 以上的鱼种,网目长一般为 4～4.5 cm。

（三）鱼种放养

1. 鱼种质量要求

体重 50 g 以上，大小整齐，体形匀称，无伤病、无畸形，游动活泼，反应敏捷，正常移动无大量死亡。

2. 鱼种放养

应在小潮汛期间放养，此时网箱内水流缓慢；宜在早晚放养，放养前用 20×10^{-6} 浓度的 $KMnO_4$ 溶液进行浸浴消毒。放养密度与养殖海区环境、鱼种大小有关（表 10-4）。

表 10-4　青石斑鱼的放养密度（齐遵利，2003）

鱼体重（g）	每立方米水体放养尾数（尾）	每立方米水体放养重量（千克）
25 以内	100～220	2～5
25～100	80～100	3～7
100～200	40～80	4～8
200～400	20～40	5～9
400～600	12～20	6～10
600 以上	12 以内	7～12

石斑鱼生性胆小多疑，对投下的饵料远离监视而不立即摄食，因而部分饵料散落网箱底部，石斑鱼又不吃沉底的饵料，往往造成浪费。而鲷科鱼类见饵即抢食，食性也较杂，故在网箱养殖石斑鱼时，混养少量的鲷科鱼类和杂食性鱼类，如黑鲷、真鲷、黄鳍鲷等，既可以带动石斑鱼摄食，又可起到"清道夫"的作用，将箱底的饵料吃掉并清理附着在网箱上的附着生物及杂质，以充分利用水体空间和饵料。

（四）饵料投喂

1. 饵料种类

使用的饵料有新鲜杂鱼、冷冻杂鱼和人工配合饲料。新鲜杂鱼适口性好，能满足石斑鱼的营养需要，但来源比较困难，而且天气热时较难保持新鲜，易变质分解成有毒物质，投喂后会引起疾病。冷冻杂鱼不受季节制约，能保证周年供应，但也应注意新鲜度，不宜在冷库中保存时间过长，否则脂肪会发生酸败，降低其营养价值。人工配合饲料营养全面，能满足鱼类的营养需要，来源充足，运输和保存较方便,但其适口性较鲜、冻杂鱼差,应在饲料中加入适合石斑鱼口味的引诱剂。

人工配合饲料中蛋白质要求为 $40\% \sim 60\%$,脂肪为 $5\% \sim 15\%$,糖类为 $5\% \sim 20\%$,微量元素为 $1\% \sim 2\%$,维生素为 $1\% \sim 2\%$,水分为 $10\% \sim 15\%$。石斑鱼对配合饲料的软硬程度、颜色和口味等适口性要求较高,喜食软颗粒、色浅且明亮的饲料,颗粒过硬则有吐食现象,软颗粒饲料的适口性明显优于硬颗粒饲料。

石斑鱼对饲料颗粒大小也有特殊的要求,成鱼饲料粒径不宜小于 6 mm,颗粒过小,会影响食欲。从投喂小杂鱼到改喂人工配合饲料要有一个较长的适应过程,投喂配合饲料前要进行摄食驯化,一般从幼鱼阶段开始驯化。

2. 饵料投喂

日投饵次数一般早晚各 1 次,水温低于 18 ℃ ～ 20 ℃时,每日投喂 1 次即可。投喂鲜、冻杂鱼,幼鱼期日投饵率不超过 $30\% \sim 40\%$,鱼种期为 $10\% \sim 15\%$,成鱼期为 $3\% \sim 8\%$;投喂人工配合饲料,日投饵量和投饵次数依鱼的生长情况、天气、水质等灵活掌握,一般遵循如下原则:刚放入网箱的鱼种最初 1 ～ 2 天可不投喂;小潮水时多投,大潮水时少投;缓流时多投,急流时少投;水温适宜时多投,水温太高或太低时少投或不投;透明度大时多投,反之少投;天气晴朗时多投,阴雨天时少投;生长速度快的品种多投,反之少投。一般以鱼类吃到八成饱为宜,喂得过饱反而会影响食欲,降低饲料效率。

投喂时应遵循定时、定位、定质、定量的原则。在投喂小杂鱼时,应把鱼切成块状,鱼块大小应与石斑鱼的口径相适应。先投网箱中间,再投网箱边缘,让健壮的石斑鱼吃饱下沉,给体弱的鱼种以摄食机会。因为石斑鱼不食沉底的饲料,投饵时要慢慢地投喂,待鱼吃完再投,不能将饵料一齐投下,以免浪费。

（五）日常管理

日常管理可参照常规网箱养殖进行(见第三章),此外还应注意以下几点:

1. 分箱饲养

一般从鱼种养成成鱼,要经 3 次或 4 次分箱。要求在 200 ～ 250 克 / 尾时,每半个月分箱 1 次;250 克 / 尾以上时,每 25 ～ 30 天分箱 1 次。

2. 夏日遮阳

石斑鱼害怕烈日强光,夏天在网箱上面应加盖黑色网遮光。

3. 越冬管理

冬季最低水温不低于 10 ℃的海区,石斑鱼可在网箱内直接越冬。当水温低于 15 ℃时,应在网箱内安置御寒保温器具,如在网箱内吊挂塑料笼、麻袋或放置旧柴油桶(油迹要擦洗干净),桶内装上网片以供石斑鱼栖息和御寒。最低水温低于 10 ℃的海区,应将石斑鱼移入室内或南方温度适宜的海区越冬。

二、"陆海接力"养殖

(一)我国北方网箱养殖的问题

海水鱼类网箱养殖具有自然海域水质优良、含氧量高、鱼类生长速度快、病害少、养殖品质优良、养殖成本较低等优点,而且离岸网箱可有效拓展外海养殖空间。我国南方地区具有得天独厚的网箱养殖条件,网箱养殖非常发达,而北方地区网箱养殖产业遭遇了发展瓶颈,因为冬季低温导致网箱可养品种稀少,养殖品种单一,迫使鱼价低位徘徊,养殖效益低,影响了网箱养殖的积极性,形成网箱空置率较高的局面。

(二)什么是"陆海接力"养殖

"陆海接力"养殖是陆基工厂化循环水养殖与海基网箱相互交替养殖的一种方式(图 10-3)。它可根据不同地区季节温度的变化,冬秋季选择在陆基循环水车间保温养殖,春夏适宜温度季节转移到海上深水网箱中进行衔接养殖。它汇聚了陆基工厂化循环水全天候控温养殖的优势和海基抗风浪网箱节能减排、养殖速度快、病害少、品质优、综合效益高的特点,是一种集陆海基养殖优势于一身的高效健康养殖模式。它有效突破了不同气候温度对网箱养殖的制约,改变了北方网箱无法养殖热带性鱼类的历史。

图 10-3　石斑鱼钢制离岸抗风浪养殖网箱和陆基工厂化循环水养殖池

（三）北方石斑鱼的"陆海接力"养殖技术

1."陆海接力"养殖工艺流程（图 10-4）

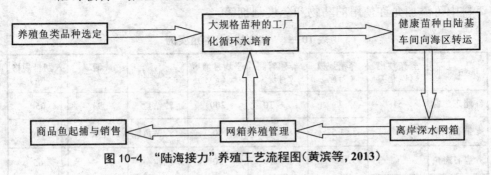

图 10-4　"陆海接力"养殖工艺流程图（黄滨等，2013）

2."陆海接力"实施的时间节点

石斑鱼正常生长的水温一般在 16 ℃～28 ℃。表 10-5 为一个"陆海接力"养殖实例。在山东省莱州海域，5 月下旬至 10 月下旬比较适合，养殖周期可达150 天左右；当海区水温达到 16 ℃以上，开始由陆基工厂化向离岸网箱实施陆海接力养殖；水温降到 16 ℃以下时，起捕出售或转移到陆基工厂化室内。

3.实施"陆海接力"的石斑鱼规格

通过"陆海接力"养殖试验，综合离岸网箱养殖海区的风浪条件和较开放海域条件，一般认为云纹石斑鱼的苗种经陆基工厂化培育到 150 g 以上再陆海接力到海上网箱养成，是较经济可行的工艺方案。

4.实施"陆海接力"的网箱放养密度

针对较开放海域水流对网衣的变形影响等因素，特别是考虑到石斑鱼的聚群特性，为减少鱼体之间、鱼和网衣之间的相互摩擦，减少养殖鱼的受伤，提高养殖成活率，一般认为云纹石斑鱼网箱的养殖密度为 5.0 kg/m³ 左右比较适宜。

5.投喂量与饵料质量

日投喂 2 次，鲜杂鱼饵料的日投饲量占鱼体重量的 3%～4%；配合饲料为1%～2%。海况差时，少投或不投，一般鱼类饱食率控制在 70%～80%。杂鱼饵料应新鲜，防止"病从口入"；推荐采用配合饵料。

6.网箱养殖管理

根据鱼类生长情况，定期分箱、分级。

7. 网箱病害防控

以防为主。注意鱼体擦伤、寄生虫、水质状况、水流畅通、病死鱼及时清除等；饵料中可添加允许使用的药物和免疫制剂等。

表 10-5　"陆海接力"养殖实例

养殖品种	养殖规模（网箱）	养殖规模（万尾）	养殖时间（月份）	平均月增重（g）	投喂饲料	成活率（%）	入网箱规格（g）
红鳍东方鲀	31	11	7～10	200	沙钻鱼	93	650
七带石斑鱼	3	1.5	8～10	70	沙钻鱼	95	200
赤点石斑鱼	1		9～10	30	颗粒料		65
云纹石斑鱼	1	2.1	8～10	65	沙钻鱼	92～96	250
褐石斑鱼	1		8～10	120	沙钻鱼		400

注：根据 2012 年莱州明波水产有限公司养殖实验数据整理。

参考文献

[1] 孙颖民,孙振兴,李秉钧,许修明,刘立明.海水养殖实用技术手册[M].北京:中国农业出版社,2000.

[2] 刘立明.海水鱼类养殖技术[M].北京:中国农业出版社,2006.

[3] 刘立明.牙鲆 *Paralichthys olivaceus*(T&S)变态期生长、发育与摄食变化规律研究[D].硕士学位论文.1996.

[4] 刘立明.不同温度条件下牙鲆变态期生长发育变化的研究[J].海洋科学,1996,20(4):58-63.

[5] 刘立明,等.黑鲪苗种培育关键技术的研究[J].海洋科学,2010,34(3):1-5.

[6] 刘立明,等.黑鲪仔、稚、幼鱼生长、发育与成活率变化的研究[J].中国海洋大学学报,2013,43(3):25-31.

[7] DU Rongbin(杜荣斌),WANG Yongqiang(王勇强),JIANG Haibin(姜海滨),LIU Liming(刘立明),et al.Embryonic and larval development in barfin flounder *Verasper moseri*(Jordan and Gilbert)[J].Chinese Journal of Oceanology and Limnology,2010,28(1):18-25.

[8] 雷霁霖.海水鱼类养殖理论与技术[M].北京:中国农业出版社,2005.

[9] 雷霁霖,等.大菱鲆胚胎及仔稚幼鱼发育的研究[J].2003,34(1):9-19.

[10] 雷霁霖.大菱鲆养殖技术[M].上海:上海科学技术出版社,2005.

[11] 蔡良候.无公害海水养殖综合技术[M].北京:中国农业出版社,2003.

[12] 张美昭,等.海水鱼类健康养殖技术[M].青岛:中国海洋大学出版社,2006.

[13] 谢忠明.牙鲆、石斑鱼养殖技术[M].北京:中国农业出版社,1999.

[14] 陆忠康.简明中国水产养殖百科全书[M].北京:中国农业出版社,2001.

[15] 柳学周,等.半滑舌鳎繁殖生物学及繁殖技术研究[J].海洋水产研究,2005(5):7-14.

[16] 张梅兰.海水鱼健康养殖新技术[M].北京:中国农业出版社,2002.

[17] 齐遵利.海水鱼标准化生产技术[M].北京:中国农业大学出版社,2003.

[18] 王武,等.鱼类增养殖学[M].北京:中国农业出版社,2000.

[19] 王吉桥,等.鱼类增养殖学[M].大连:大连理工大学出版社,2000.

[20] 徐君卓.海水网箱及网围养殖[M].北京:中国农业出版社,2007.

[21] 万瑞景,等.半滑舌鳎早期形态及发育特征[J].动物学报,2004,50(1):91-102.

[22] 张孝威,等.牙鲆和条鳎卵子及仔、稚鱼的形态观察[J].海洋与湖沼,1965,7(2):158-180.

[23] 闵信爱.海水网箱养鱼[M].北京:金盾出版社,2001.

[24] 雷霁霖.国家鲆鲽类产业技术体系年度报告(2009)[M].青岛:中国海洋大学出版社,2010.

[25] 李文姬,李华琳.日本条斑星鲽的生物学及增养殖概况[J].水产科学,2006,25(10):533-536.

[26] 杜佳垠.日本条斑星鲽养殖[J].渔业现代化,2003,2:21-22.

[27] 林克忠,等.黑鲪筏式笼养技术试验[J].齐鲁渔业,1993,3:26-27.